HUNBATZ MEN
Maya-Ältester aus Yucatán

DIE HEILIGE KULTUR DER MAYA

IHRE ATLANTISCHE HERKUNFT, DAS KALENDERSYSTEM UND SEINE AUSRICHTUNG AUF DIE PLEJADEN

Aus dem Amerikanischen von
Sabina Trooger und Vincenzo Benestante

Besuchen Sie unseren Shop:
www.AmraVerlag.de

Ihre 80-Minuten-Gratis-CD erwartet Sie.
Unser Geschenk an Sie ... einfach anfordern!

Titel der amerikanischen Originalausgabe:
THE EIGHT CALENDARS OF THE MAYA. THE
PLEIADIAN CYCLE AND THE KEY TO DESTINY
Translated into English by Ariel Godwin

Deutscher Erstdruck im AMRA Verlag
Auf der Reitbahn 8, D-63452 Hanau
Hotline: +49 (0) 61 81 – 18 93 92
Service: Info@AmraVerlag.de

Herausgeber & Lektor	Michael Nagula
Einbandgestaltung	Murat Karaçay
Autorenfoto	Hendrik Pötter
Layout & Satz	nimatypografik
Druck	FINIDR s.r.o.

ISBN Printausgabe 978-3-939373-74-2
ISBN eBook 978-3-95447-116-4

Copyright © Originale 1983 & 2009 by Hunbatz Men
Copyright © Deutschland 2011-2022 by AMRA Verlag
Printed and published by Arrangement with Inner Traditions
International Limited, Rochester, Vermont 05767, USA.
Dieses Werk wurde vermittelt durch die literarische Agentur
Thomas Schlück GmbH, Hohenzollernstr. 56, D-30161 Hannover.

Die mexikanische Erstausgabe des vorliegenden Buches erschien unter
dem Titel *Los calendarios astronómicos mayas y Hunab K'u* bei Ediciones
Horizonte, gefolgt von einer verbesserten und erweiterten US-Ausgabe bei
Inner Traditions, die als Grundlage für die deutsche Übersetzung diente.

Folgende thematisch verwandte Bücher sind bei uns erhältlich:
Melchizedek/Mitel – Lebe im Licht deines Herzens. Der heilige Raum
Osmanagich - Das Geheimnis der Anasazi. Verschwundene Hochkultur
Klemm – Lichtbotschaften von den Plejaden. Meditationen & Übungen
Joseph – Die Überlebenden von Atlantis. Untergang & Veränderung

Alle Rechte der Verbreitung vorbehalten, auch durch Funk, Fernsehen
und sonstige Kommunikationsmittel, fotomechanische, digitale
oder vertonte Wiedergabe sowie des auszugsweisen Nachdrucks.
Im Text enthaltene externe Links konnten vom Verlag nur bis
zum Zeitpunkt der Buchveröffentlichung eingesehen werden.
Auf spätere Veränderungen hat der Verlag keinerlei Einfluss.
Eine Haftung des Verlags ist daher ausgeschlossen.

Inhalt

Vorwort	von Sat Arhat Domingo Dias Porta	11
Einführung	von Hunbatz Men	17
Eins	Uralte Wurzeln der Maya	25
Zwei	Hunab K'u: Geber der Bewegung und des Maßes	49
Drei	Kalenderformen in Mittelamerika	69
Vier	Kosmische Indikatoren der Maya	97
Fünf	Zeiteinheiten der Maya	115
Sechs	Die synchronisierten Kalender der Maya	133
Sieben	Mathematische Methoden zum Verständnis der plejadischen Zyklen	159
Nachwort	Die Maya sind unter uns	179
	Bibliografie	183
	Über den Autor	186

»Als traditioneller Maya-Lehrer und Hüter der Tage erhellt Hunbatz Men das große Geheimnis der mündlichen Überlieferung der Maya und Cherokee: die heilige Verbindung zwischen der Erde und den Plejaden. Laut unserer heiligen Überlieferung besteht zwischen unserem Leben und dem gesamten Kosmos eine Synchronizität, weil unsere Sonne zum Sternensystem der Plejaden gehört. Wenn wir unsere Herzen für unsere kosmische Heimat öffnen, dann schwingen wir im Gleichklang mit dem Herz des Himmels: Alkyone, dem zentralen Stern der Plejaden. So lehrte es mich mein Cherokee-Großvater Hand, und nun erklärt uns Hunbatz Men das Tzek'eb, den Kalender der Plejadensonnen. Dieses Buch ist eine Pflichtlektüre für alle, die sich fragen, warum Menschen auf der Erde das Gefühl haben, mit den Plejaden verbunden zu sein.«

Barbara Hand Clow, Autorin des Buches
DER MAYA CODE. *Beschleunigte Zeit und das Erwachen des globalen Bewusstseins*,
Hanau 2010, Amra Verlag

Dies ist die Erinnerung an die Ereignisse, die sich abspielten. Sie ereigneten sich, und nun ist alles vorüber. Sie sprechen in ihren eigenen Worten, und darum wird nicht ihre volle Bedeutung verstanden, aber wie es sich abspielte, so steht es geschrieben. Nun wird alles wieder sehr genau erklärt werden. Und vielleicht wird das nicht schlecht sein.

(...) Fürwahr, der »wahren Menschen« waren viele. Nicht um sich durch Verrat zu bereichern wollten sie, dass manche mit anderen vereinigt sind – doch alles, was hierin enthalten ist und wie viel erklärt werden muss, ist noch nicht ersichtlich. Diejenigen, die wissen, dass es unserem großen Geschlecht entstammt, dem Geschlecht der Maya-Menschen, werden die Bedeutung dessen, was hierin liegt, begreifen, wenn sie es lesen. Und dann werden sie es verstehen und dann auch erklären, und dann werden die verborgenen Zeichen des Katún klar sein. Dies ist so, weil sie die Priester sind. Die Priester nahmen ein Ende, uralt, wie sie waren, aber nicht ihr Name.

Aus dem Chilam Balam von Chumayel (1775 bis 1800), nach der spanischen Übersetzung von Antonio Mediz Bolio

Chilam Balam (»Sprecher des Jaguars«) ist die übergeordnete Bezeichnung einer Reihe von Texten, die vom 16. bis 18. Jahrhundert in Yucatán in der yukatekischen Mayasprache verfasst wurden. Es handelt sich um miteinander verwandte Sammlungen einheimischer Überlieferungen und Übersetzungen sowie um Bearbeitungen von Texten aus der spanischen und christlichen Tradition. Sie bestehen zu einem großen Teil aus chronologischen und prophetischen Abschnitten und bilden eine wichtige Quelle für die Kultur und Geschichte der Maya. Das »Chilam Balam von Chumayel«, benannt nach dem Ort seiner Entstehung, umfasst 107 Seiten und wird in der Princeton University Library, Princeton, New Jersey, aufbewahrt. Besonders wichtig sind seine Prophezeiungen und Chroniken.

Vorwort

von Sat Arhat Domingo
Dias Porta

Der besondere Wert dieses Werkes besteht in seinem gut dokumentierten Inhalt und in der Authentizität des Autors, eines modernen *hau'k'in* der Maya, also eines traditionellen Maya-Lehrers, dessen Weisheit seinen eigenen Erfahrungen entstammt. Hunbatz Men ist ein wahrer Maya-Schamane und Hüter der Tage – eine echte Autorität für die Geschichte, die Chronologie, die Kalender und das kosmische Wissen der Mayazivilisation. Er kam in Wenkal auf der zu Mexiko gehörenden Halbinsel Yucatán zur Welt und wurde ein Schüler des größten zeitgenössischen Verfechters des Maya-Wertesystems: Maestro Domingo Martínez Paredez (1899–1983), eines Professors der Mayasprache an der Universidad Nacional Autónoma de México (Unabhängige nationale Universität von Mexiko). Er ist der Autor zahlreicher Werke, in denen die Transzendenz der kulturellen Werte dieser großen Eingeborenenzivilisation ans Licht gebracht werden.

Das Studium der astronomischen Mayakalender aus dem vorkolumbianischen Amerika zeigt, dass in der traditionellen Mayakultur die Zeit nicht aufgrund einfacher kommerzieller oder zivilrechtlicher Bedürfnisse gemessen und berechnet wurde. Das Ziel war wesentlich höher gesteckt: Man wollte das Leben der Menschen und ihrer Gesellschaftssysteme mit dem größten kosmischen Pulsschlag, dem Rhythmus der Jahreszeiten und anderen Zyklen, die Veränderungen auf der Erde bewirken, in

Einklang bringen. Dadurch, dass sie diesem Rhythmus des Universums folgten (dem Schlag des himmlischen Herzens, wie es im Popol Vuh heißt, dem Schöpfungsmythos der Maya), konnten die Menschen die verschiedenen Arten von Dekadenz vermeiden – sei es nun durch lunare, solare, planetarische oder galaktische Biorhythmen. Sie konnten mit der universellen Konstante in Harmonie leben und ihre individuelle Existenz weit über das armselige, syllogistische Schlussfolgerungsdenken hinaus ausdehnen, das es nicht einmal fertig bringt, einige simple, aber grundlegende Tatsachen mit gebührender Gründlichkeit zu betrachten.

Für diese kosmischen Vermessungen und die entsprechende Synchronisation des Menschen war es erforderlich, dass Individuum, Gesellschaft, Natur und Kosmos sich miteinander identifizierten, in eins fielen – also echtes und vollendetes *yok'hah Maya* (Maya-Yoga). Es war eine synthetische Wissenschaft, als Schema niedergelegt in diesem unschätzbaren Archäometer der Indigenen: den astronomischen Kalendern der Maya. Sie enthielten den Schlüssel, um alle Krankheiten zu heilen und die menschliche Rasse zu regenerieren, indem man sein Leben nach den Lebensregeln ausrichtete – nach jenen goldenen Regeln, welche die Menschen nicht erfanden, sondern vielmehr entdeckten.

Das vorliegende Buch von Hunbatz Men ergänzt bestimmte andere Werke, die zum selben Thema erschienen sind, und bereichert sie zugleich, denn es schließt eine bis dato beunruhigende Lücke in der Kalenderforschung. Aus diesem Grund ist es mir eine Freude, Hunbatz Men willkommen zu heißen und ihn in dem edlen Unterfangen zu ermutigen, dem er sich verschrieben hat: das ererbte Wertesystem unserer indigenen Rassen wiederzuentdecken. Das indigene Amerika – unsere Kultur, die man zum Schweigen gebracht hat – feiert die Veröffentlichung dieser kostbaren Frucht der astronomischen Mayakalender.

Wir gratulieren Hunbatz Men zu einem so ehrenwerten Bemühen, und wir grüßen all jene, die den Glauben an unsere Völker und an die Zukunft unseres geliebten amerikanischen Kontinents bewahren.

In Lak'ech
Sat Arhat Domingo Dias Portas

Der ehrenwerte Sat Arhat Domingo Dias Porta ist ein Maya-Ältester, gebürtig und ausgebildet in Venezuela. In den 1980er Jahren gründete er die Bewegung der Sonnenkulturen amerikanischer Indianer (»Movement for the American Indian Solar Cultures«).

Einführung

Unsere Maya-Vorfahren waren echte Weise. Sie besaßen echtes Wissen, sie haben nicht einfach nur spekuliert. Sie entwickelten ein kompliziertes System prinzipieller Grundlagen, die sie auf ihre Religion, Philosophie, Wissenschaften, Architektur und Medizin anwandten – eigentlich auf alle Aspekte ihrer Kultur.

Diese prinzipiellen Grundlagen der alten Maya entstammten einem einzigen spirituellen Konzept: dass die Gesamtheit des Kosmos von heiliger Energie durchdrungen ist und der Kosmos, während er sich in unzähligen Permutationen entfaltet, unentwegt das Heilige enthüllt – und dadurch das tägliche Leben bestimmt. In der Denkweise der Maya befinden sich die Menschen im Gleichklang mit göttlicher Energie, und das Göttliche manifestiert sich in den unzähligen Formen und Wesen der physischen Welt, der Welt der Natur, wobei umgekehrt die physische Welt und alle ihre Erscheinungsformen das Göttliche widerspiegeln. Als Meisterastronomen dehnten die Mayaweisen dieses Konzept natürlich auf den Weltraum aus. Sie nahmen das gesamte Universum – genau wie den individuellen Menschen – als Manifestation göttlicher Energie wahr, die sich ständig bewegt und verändert.

Dieses Wissen erwarben sich die alten Maya durch ihre akribischen Beobachtungen der Natur, die sie als ihre Mutter und Führerin auffassten. Sie war die Göttin Ixmucane – Mutter

Erde –, eine von dreizehn Maya-Gottheiten, welche die *hombres de maíz* erschufen, das Maisvolk beziehungsweise die Menschen. Sie mahlten gelben, weißen, roten und schwarzen Mais und bereiteten aus dieser Mischung neun verschiedene Getränke zu. Laut dem Popol Vuh erwuchsen aus dieser Nahrung die Kraft und die Ausdauer, es bildeten sich die Muskeln und die Energie der Menschen. So wurde die schöpferische Funktion von Mutter Erde in der Entfaltung der grundsätzlichen Lebensprozesse gewürdigt.

Als Ausdruck des Göttlichen unterliegt die Natur (ebenso wie die Menschen) gewissen heiligen Gesetzen, sagten die alten Maya. Sie entwickelten eine fortgeschrittene Mathematik, in der sich die Zahlen nicht speziell auf Mengen bezogen, wie es die heutige, materialistische Welt so oft unterstellt. Alle Zahlen waren ein Ausdruck der verschiedenen Frequenzen und Töne des Göttlichen. So hieß beispielsweise der Mond in der Mayasprache *U*, *Uc* oder *Uh* und besaß den Zahlenwert 7. Diese Zahl beherrschte sowohl die Frauen als auch die Zyklen von Zeugung und Empfängnis, denn mit Hilfe des Mayakalenders war es möglich zu wissen, wann man einen Sohn und wann eine Tochter empfing. Ebenso wussten die Frauen aufgrund der Mondzyklen, an welchen Tagen sie nicht empfangen würden, wodurch sich die Bevölkerungszahl kontrollieren ließ, wenn Nahrung und sonstige Vorräte knapp waren. Abgesehen von anderen Dingen, zu denen wir später noch kommen werden, repräsentierte diese Zahl auch die sieben Kräfte oder »Gehirne« des Menschen.

Die Meisterastronomen der Maya entwickelten mit Hilfe der Mathematik ein Zeitsystem, das aus einer Reihe von Zyklen bestand und sich sowohl im Makrokosmos als auch im Mikrokosmos anwenden ließ, und alle diese Zyklen galten ihnen ebenfalls als heilig. So wurden ihre berühmten Kalender zur Grundlage ihrer ganzen Existenz. Als Ausdruck der kosmobiologischen

Naturgesetze bestimmten sie sämtliche Maßeinheiten. Deshalb besaßen für die Maya ihre Kalender den allerhöchsten Wert: Sie waren ein Spiegel der menschlichen Existenz und schrieben vor, wie die Menschen als Teil eines harmonischen Ganzen leben sollten. Für die Maya war es, als hätte sich ihnen ihre Mutter Natur, die sie geschaffen, geformt und genährt hatte, in Gestalt einer makellosen, akkuraten, mathematischen Präzision offenbart. Aus der Sicht der astronomischen Kalender war der Mensch ein Mikrokosmos, ein Teil seines großen Vaters, des Makrokosmos – und dies bedeutet, dass das große Ganze in jedem von uns gegenwärtig ist. Ja, sogar der Kosmos selbst funktionierte mittels dieser intelligenten Energie, dieser universellen Energie, aus der alle Menschen erschaffen wurden.

Ein Beispiel für die von den Maya ausgearbeitete, hoch entwickelte astronomische Wissenschaft ist die Entdeckung der transzendenten Beziehung zwischen Sonne und Mensch, die sich bestätigte, als sie das Phänomen der Sonnenflecken entdeckten. Aus diesem Grund nannten die Maya sich »Kinder der Sonne«. Mittels ihrer Beobachtungen des 23 Jahre andauernden Zyklus der Sonnenflecken konnten die Maya die Beziehung zwischen Mensch und Sonne noch weiter korrelieren. Die Astronomen, die zugleich Astrologen waren, entwickelten ein Kalenderrad mit 23 Jahren oder »Zähnen« – eine Information, die man jederzeit im Porrúa Kodex nachlesen kann. Der Kodex verweist auch darauf, wie wichtig der spezielle Sonnenfleckenkalender war, demzufolge dieses solare Phänomen die Natur kosmobiologisch verändert – eine Tatsache, die von der modernen Wissenschaft bestätigt wurde. Die Maya verstanden das Phänomen der Sonnenflecken und erkannten seine Bedeutung, und deshalb nahmen sie es in ihr Buch der kosmischen Kalender auf. Es sollte den Menschen als Orientierungshilfe dienen und ihnen dabei helfen, die Vergangenheit, Gegenwart und Zukunft zu erfassen, und so zu ihrem Verständnis beitragen, damit sie begriffen, wie wichtig es ist, auf dieser wunderschönen Mutter Erde in Harmonie zu leben.

Wir sollten zumindest einige der vielen Namen erwähnen, die die Maya den Einheiten ihrer Zeitzyklen gaben: *k'in* - Tag, *winal* - Monat, *haab* - Jahr, *uc* - Mondmonat, *tunben k'ak'* - 52 Intervalle oder Jahre, *k'altun* - 260 Intervalle oder Jahre, *tzek'eb* - das große Jahr beziehungsweise ein Zyklus von 26.000 Jahren.

Die Maya benutzen bis heute einen sehr speziellen Kalender namens Tzolk'in, einen heiligen Kalender, der Intervalle von 260 Tagen misst - die Dauer des menschlichen Heranreifens im Mutterleib. Dieser Kalender wurde vielfältig verwendet, insbesondere dazu, alle anderen Mayakalender zum Gleichlauf zu bringen. Das Tzolk'in wurde außerdem zur Weissagung und in Ritualen benutzt sowie wahrscheinlich noch für andere Zwecke, die man inzwischen vergessen hat. Es beruht auf den Zahlen 13 und 20. Wenn man diese Zahlen multipliziert, ergeben sie die Zahl 260.

Sie benutzten außerdem die *xoc kin* - die Weissagungstage am Anfang des Mayajahres. Deren spezielle Zählung begann am 22. Dezember, der Wintersonnwende, und dauerte 19 Tage. In dieser Zeit beobachteten die Maya jeden Tag die meteorologischen Phänomene ganz besonders genau. Aufgrund dieser Beobachtungen konnten sie vorhersagen, ob es ein gutes Jahr werden würde oder nicht. Sie konnten zum Beispiel Regenzeiten oder Dürreperioden voraussehen, denn die klimatischen Bedingungen innerhalb dieses Zeitabschnitts bestimmten verlässlich, wie sich die Natur während des restlichen Jahres verhalten würde. Dies hat man über lange Zeitläufte hinweg beobachtet.

Pyramiden sind echte Energieerzeuger und Energieumwandler, und unsere zeitgenössische Wissenschaft hat bestätigt, welche gewaltige Macht sie als Instrumente positiver und negativer Kraft besitzen. Die Maya waren sich dieser Eigenschaft der Pyramiden vollkommen bewusst und übertrugen sie in ihre Kalender: Sie benutzten die Pyramidenform als geometrische Grundlage ihrer Chronologien, und sie benutzten Licht und Dunkelheit, um ihre Tage, Wochen, Monate, Jahre, Jahrhunderte und Jahrtausende zu markieren. Dies kann man mit eigenen Augen am Pyramidentempel des Kukulcán in Chichén Itzá in Mexiko sehen, was wir in einem späteren Kapitel näher erörtern werden.

Alles bisher Gesagte bringt uns das Weltbild der Maya näher: Sie ließen sich von der Natur selbst führen, und sie beachteten die Modifikationen des Sonnenlaufs beziehungsweise der Sonnenpositionen, die wiederum die »Minuten« und »Stunden« der kosmischen Uhr bestimmen – Zeiträume und Entfernungen, die nicht nur lineare Zeit und materielle Wirklichkeit messen. Vielmehr spiegeln sie aufgrund der kosmobiologischen Rhythmen, die die Umwelt jeweils normalisieren oder verändern, unweigerlich das psychische und physikalische Ganze wider.

Ein damaliger Mayapriester war zugleich Astronom und Astrologe. Infolgedessen wies er jedes frisch verheiratete Paar an, den Geschlechtsakt im Einklang mit den Positionen bestimmter Himmelskörper zu vollziehen (vor allem Mond, Venus, Jupiter, Mars, Merkur und Sirius), um auf diese Weise sowohl das Geschlecht ihres Kindes zu bestimmen als auch seine zukünftige Berufung. In der heutigen, modernen Zeit ist dieser Wissensschatz verloren gegangen. Wenn heutzutage ein Kind zur Welt kommt, schauen ihm die Eltern einfach beim Heranwachsen zu und haben keine Ahnung, welche wahre Berufung das Kind eigentlich hat. Darin lag einer der praktischen Vorteile der Mayakalender, jener Chronologien, in denen unsere Ahnen die Rhythmen und Biorhythmen, denen wir Menschen unterliegen, wahrheitsgemäß aufzeichneten. Wenn man dieses Wissen anwendet, dann ist das soeben gezeugte Wesen nämlich nicht mehr unverständlich. Aus diesem Grund hat die Mayakultur, besonders in Form der Mayakalender, die heutigen Wissenschaftler und Experten auch so sehr verblüfft. Die Mayakalender unterscheiden sich enorm von den europäischen Kalendern, dem gregorianischen und dem julianischen Kalender, die man lediglich benutzen kann, um das Tagesdatum festzustellen und zu wissen, welche Aufgaben wir wann erfüllen müssen, wobei unser Verhältnis zu den Naturgesetzen, geschweige denn zu den kosmischen Gesetzen, überhaupt nicht ins Spiel kommt.

Die Maya arbeiteten ihre astronomischen Kalender mit Hilfe ihrer präzisen, akkuraten, wissenschaftlichen Beobachtungen aus und wandten dann ihr Wissen um diese Gesetze und Regeln praktisch an. Auf diese Weise entwickelten sie ein tiefes Begreifen der kosmobiologischen Existenz, der wir Menschen angehören. Das großartigste Zeugnis ihres Wissens um diese Gesetze ist die Entwicklung ihrer vielen Kalender, die aus ihrer Philosophie des *Panche Be* entstanden – der Suche nach der Wurzel der Wahrheit.

Wir glauben, dass die astronomischen Kalender der Maya uns lehren können, welchen Weg die Menschheit gehen muss, um die Unwissenheit zu transzendieren, in die die moderne Kultur mit ihren falschen Werten und ihrer Besessenheit von der physischen Wirklichkeit uns gestürzt hat. Deshalb sollten wir die Mayaphilosophie genau untersuchen und uns bemühen, nach den Prinzipien des *Panche Be* zu leben. Und dann sollten wir unsere Entschlossenheit, diesem Weg zu folgen, mit den Mayaworten *In Lak'ech* bekräftigen: »Du bist ich und ich bin du« – ein Ausdruck der kosmischen Brüderlichkeit, der Liebe und der Bruderschaft aller Menschen, die zugleich sämtliche Manifestationen des Lebens mit einschließt.

Eins

Uralte Wurzeln der Maya

In einer geheimnisvollen, fernen, fast vergessenen Zeit gingen Völker aus den großen Zivilisationen hervor, die man heute Lemurien und Atlantis nennt, und machten sich auf den Weg zu anderen Kontinenten: Nord- und Südamerika, Europa, Asien, Afrika, Ozeanien ...

Die Wissenschaft sucht schon lange nach dem fehlenden Bindeglied zwischen dem Menschen und seinen direkten Tier-Vorfahren, die aufgrund spezieller Umstände einen neuen evolutionären Weg einschlugen und sich immer weiter von ihrer ursprünglichen biologischen Abstammung entfernten, aus der sie in einer nun versunkenen Ära entstanden waren. Es stellt sich die Frage: Wo entstand dieses prähistorische Phänomen namens Mensch zuerst? War es in Afrika? In Asien? Auf irgendeiner pazifischen Insel? Oder womöglich auf dem amerikanischen Kontinent? Oder entstand der erste Mensch auf einem Kontinent, der inzwischen im Meer und in den Nebeln der Zeit versunken ist? Manche Forscher haben sogar zur Diskussion gestellt, dass der Mensch außerirdische Ursprünge haben könnte – dass er von einem anderen Planeten im Kosmos gekommen sei, um sich auf der Erde niederzulassen. Wir wollen nun einige Anhaltspunkte für die Ursprünge der Mayazivilisation näher betrachten.

Indizien für prähistorische Menschen auf dem amerikanischen Kontinent

Die meisten konventionellen Forscher behaupten, dass die ersten Menschen entweder in Afrika oder in Asien oder in Europa entstanden. Im späten neunzehnten Jahrhundert entdeckten jedoch die berühmten argentinischen Paläontologen und Archäologen Florentino (1854-1911) und Carlos (1865-1936) Ameghino im südlichsten Südamerika frühmenschliche Überreste. Die Brüder behaupteten beharrlich, sie hätten ihre Funde eindeutig als *Homunculus*, *Tetraprothomo*, *Triprothomo* und *Diprothomo* identifiziert, und folgerten daraus, dass der erste Mensch während des tertiären Erdzeitalters (65 Millionen bis 1,6 Millionen Jahren vor unserer Zeit) im heutigen Argentinien entstand. Diese Behauptung hat zu verschiedensten Hypothesen über die Abstammung der Völker auf dem amerikanischen Kontinent geführt. Einige eurozentrische Forscher haben diese Hypothesen rundheraus abgelehnt, weil sie an der Auffassung festhalten, dass die Ahnen der Menschen nie auf dem amerikanischen Kontinent lebten und dass es somit müßig ist, in Nord- und Südamerika nach Beweisen für die Anwesenheit der ersten Menschen zu suchen.

Trotzdem – in den Höhlen von Loltún in den Puuc-Hügeln auf der Yucatán-Halbinsel in Mexiko können Besucher sich über die Natur- und Kulturgeschichte des nördlichen Maya-Tieflands informieren, und zwar über einen Zeitraum von 10.000 Jahren hinweg – vom späten Pleistozän (vor 1,8 Millionen Jahren bis vor 10.000 Jahren) bis fast in die Neuzeit. Archäologische Ausgrabungen haben die Überreste vorsintflutlicher Tiere zum Vorschein gebracht, und dazu Knochen und andere Überreste wie Töpferwaren, Muschelschalen, steinerne Kunstwerke, geschnitzte Basreliefs, Felsschnitzereien und Wandmalereien. Diese korrespondieren stilistisch mit den verschiedenen Entwicklungsstufen der Mayakultur und liefern somit einen wissenschaftlich unumstößlichen Beweis dafür, dass prähistorische Wesen zeitgleich mit Menschen auf dem amerikanischen Kontinent lebten.

Der tschechische Anthropologe Aleš Hrdlička (1869–1943) erforschte dieses Gebiet und vertrat als erster Wissenschaftler die Theorie einer menschlichen Kolonisation des amerikanischen Kontinents. Er meinte, Menschen einer primitiven Entwicklungsstufe seien vor etwa 15.000 Jahren über Ostasien dort eingewandert und hätten danach auf diesem Kontinent gelebt, und damit beeinflusste er die spätere eurozentrische Auffassung der menschlichen Ursprünge erheblich. Hrdlička kam zu dem Schluss, dass »die amerikanischen und asiatischen Ureinwohner von Anfang an verwandt waren«, und wies auf typische Merkmale hin, die der amerikanischen und der mongolischen Rasse gemeinsam sind, darunter Ähnlichkeiten in der Hautfarbe, der Physiognomie und den Bärten. Zum Glück für die Wahrheitsfindung gab es Forscher, die mit ihren Indizien Hrdličkas Theorie widerlegten – die bereits erwähnten Brüder Ameghino, der aus Yucatán stämmige Autor Ignacio Magaloni Duarte, der große mexikanische Anthropologe Domingo Martínez Paredez und der peruanische Gelehrte und Arzt Javier Cabrera Darquea, um nur einige zu nennen.

Javier Cabrera Darquea (1924–2001) studierte in den peruanischen Wüsten in der Nähe der Stadt Ica über 11.000 schwarze Steine, in die irgendeine Kultur Bilder eingeritzt hatte. Damit stellte er so ziemlich alles in Frage, was uns die heute gängige Wissenschaft über die Ursprünge unserer selbst und anderer Arten auf unserem Planeten beigebracht hat. Diese mit Gravuren versehenen Andesit-Steine, sogenannte Gliptolithe, enthalten eine Bibliothek von hohem Wissensstand, die irgendeine uralte, untergegangene Zivilisation zurückgelassen hat. Die Bilder auf den Steinen stellen medizinische Transplantationen und Bluttransfusionen dar, außerdem Menschen zusammen mit Dinosauriern, fortgeschrittene Technologien wie Teleskope und chirurgische Instrumente, die Anordnung versunkener Kontinente sowie Reisen in den Weltraum. Darquea, ein Arzt, der in Ica die Medizinische Hochschule der Nationaluniversität von Peru gegründet hat, verbrachte die letzten vierzig Jahre seines Lebens damit, die Botschaften dieser Steine zu entschlüsseln. Er präsentiert wichtige Entdeckungen in seinem Buch *El mensaje de las piedras grabadas de Ica* (»Die Botschaft der gravierten Ica-Steine«):

> Die Geologie hat erwiesen, dass der amerikanische Kontinent gegen Ende der Kreidezeit in zwei Teile gespalten war, in einen nördlichen und einen südlichen, und zwischen beiden gab es keine Verbindung. Die Paläontologie wiederum hat erwiesen, dass die Fossilien mancher Säugetiere, die man im Boden beider Kontinente gefunden hat, dieselben Arten waren, jedoch erst nach Beginn des Tertiärs (vor etwa 63 Millionen Jahren), kurz nachdem sich, laut den Geologen, eine Brücke zwischen beiden Kontinenten gebildet hatte.

Woher kamen also die fortschrittlichen Wesen, deren Existenz die Ica-Steine beweisen? Laut Darquea kamen sie von den Plejaden, und zwar vor etwa einer Million Jahren. Tatsächlich glauben Maya, Inka, Cherokee und andere amerikanische Eingeborenenvölker, dass die Ursprünge der Menschheit in der Milchstraße zu finden sind. Alle diese Völker glauben, dass die Saat des menschlichen Bewusstseins von den Plejaden stammt, die bei den Maya Tzek'eb heißen. Laut Maya-Überlieferung bildet unsere Sonne einen Teil dieser Konstellation, und die Wurzeln der Menschheit lassen sich in eine Zeit zurückverfolgen, in der unsere Ahnen aus dem Weltraum sich mit den höchsten Lebensformen auf Erden paarten, um den Menschen zu erzeugen.

Deshalb sind sämtliche großen Tempel der Maya, Azteken und Inka in ganz Mittelamerika nach den Plejaden ausgerichtet. Für alle diese Völker entsprachen die Schwingungen der vielen Aspekte des Geistes der Schwingung der Zahl 7, die die Plejaden repräsentiert – die himmlische Quelle des menschlichen Bewusstseins. Entsprechend spiegeln das Äußere und Innere einander wider, zum Beispiel entsprechen die sieben inneren Chakras des Menschen den sieben äußeren Sternen der Plejaden.

Das Chilam Balam von Chumayel

Die Legenden und Chroniken der gesamtamerikanischen Eingeborenenvölker führen uns zurück in eine Zeit, in der die Autoren der heute sogenannten »Geschichte« noch längst nicht existierten. Sie berichten von einer Epoche, in der die *wapadz*, die Riesenwesen, lebten. Diese Geschichten sind Chroniken, die das Wissen aus jener fernen Zeit bewahren, als es unseres Wissens nach noch keinerlei Möglichkeit gab, die Zeit zu messen. Dennoch wird in diesen Geschichten vom Gebrauch der Kalender berichtet. Zu welchem Zeitpunkt wurden Kalender also zum ersten Mal auf dem amerikanischen Kontinent benutzt?

Heutzutage sind Bücher für uns nichts Besonderes, aber unter den Eingeborenenvölkern der Vergangenheit wussten nur wenige um das geschriebene Wort. Deshalb stand das geschriebene Wort im Dienst des Heiligen, denn das Wort selbst galt als heilig. Die Maya entwickelten die komplexeste Schriftsprache Amerikas, und man findet ihre Texte in Stein, Stuck, Keramik, Stickereien und in den heiligen Papyrusrollen oder Kodizes. Diese Kodizes waren Aufzeichnungen des geistigen Erbes der uralten Mayameister – heiliges Wissen, das von einer Generation

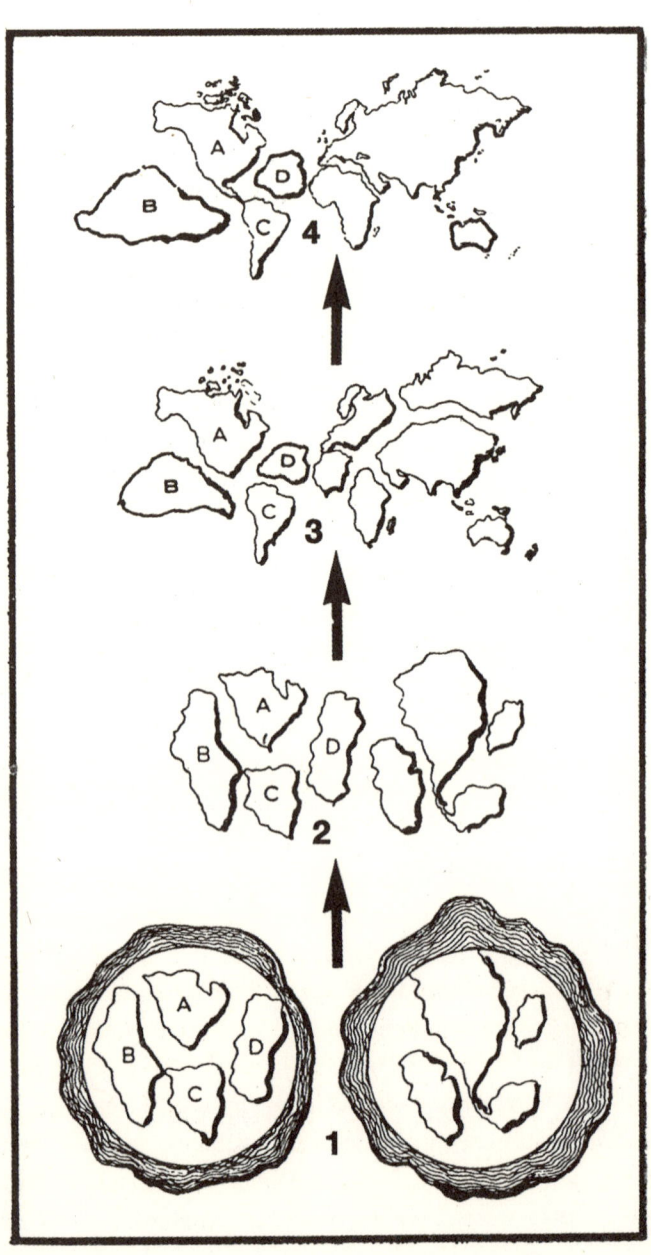

an die nächste weitergegeben wurde und dazu bestimmt war, während der heiligen Zeremonien der Maya verlesen zu werden. Die spanischen Eroberer behaupteten, dass diese Bücher die Lehren des Teufels enthielten, und machten es sich zur Aufgabe, diese große Kultur vollkommen spurlos auszurotten. Alle, die solches Wissen besaßen, wurden gejagt und hingerichtet, weil sie angeblich Verbrechen gegen die »wahre Religion« Europas verübt hatten.

Aus diesem Grund vertraute man diese Bücher und das heilige, geheime Wissen, das sie enthielten, gewissen wichtigen Mayafamilien an. Diese sollten sie sicher verwahren und vom Vater auf den Sohn weitervererben. Nur wenige Kodizes überlebten die blutige spanische Inquisition. Man nennt sie heute Dresden-, Madrid-, Grolier- und Paris-Kodex, nach den europäischen Städten, in die die überlebenden Bücher nach der spanischen Eroberung ihren Weg fanden. Abgesehen von diesen Kodizes überlebten noch ein paar Texte, die nach der spanischen Inquisition geschrieben wurden: das Popol Vuh der Quichés und die heiligen Bücher der Chilam Balam, die zu den Maya von Yucatán gehörten.

Abb. 1.1. Rekonstruktion der Entstehung der Kontinente der Erde vor Jahrmillionen. Betrachten Sie die Weltkarten von unten nach oben. (Aus Javier Cabrera Darqueas Buch über die Ica-Steine.)
Karte 1: Beginn der Entstehung der Kontinente, wie sie auf den Ica-Steinen abgebildet wurden. A ist heute Nordamerika, B ist Lemurien (oder Mu), C ist das heutige Südamerika und D ist Atlantis (oder Atzantiha).
Karte 2: Hier setzt sich die Evolution und Herausbildung der Kontinente über viele Millionen Jahre fort.
Karte 3: Hier kann man allmählich die Formen und Positionen der beiden heutigen amerikanischen Kontinente erkennen.
Karte 4: Hier sieht man die heutige Form des gesamten amerikanischen Kontinents. Man schätzt, dass Mittelamerika vor etwa 65 Millionen Jahren entstand.

Das Chilam Balam von Chumayel ist eins von neun Büchern der Chilam Balam, das von dem aus Yucatán stammenden Maya Juan José Hoil in der Sprache der Maya niedergeschrieben wurde. Zur Zeit des Kolonialismus wurde es wahrscheinlich anderen anvertraut, die sich bemühten, verschiedenste uralte Texte zu sammeln, um das geistige Erbe ihrer yucatánischen Vorfahren, der Maya, zu bewahren. Das Wort *chilam* bedeutet »das, welches Mund ist« beziehungsweise »das, welches prophezeit«. *Balam* bedeutet »Jaguar« oder »Zauberer« und ist ein Familienname. *Chilam Balam* bezieht sich also auf eine Person aus der heiligen Oberschicht, auf einen Priester, der wahrscheinlich einige Zeit vor der spanischen Invasion lebte und zu dessen geistigen Begabungen und Fertigkeiten die Weissagung gehörte.

Hier kommt die Maya-Auffassung zum Tragen, laut der die Zeit zyklischen Rhythmen unterliegt, weshalb gewisse Eingeweihte Ereignisse voraussehen können. Das Chilam Balam von Chumayel wurde nach dem Schema eines Mayakalenders gestaltet und enthält spezifische Informationen über die uralten Kalender, ihren Gebrauch und ihre Zyklen. Es versteht sich von selbst, dass sich die Leser ein wenig anstrengen müssen, um sich die Weisheit dieser Chronik zu erschließen. Wir wollen sie als Ausgangspunkt für unsere Erörterung der astronomischen Mayakalender benutzen.

Das Chilam Balam von Chumayel sagt: »Dreizehn mal vierhundert Zeiten / und fünfzehn mal vierhundert Zeiten / plus vierhundert Jahre der Jahre / lebten die Itzá als Häretiker.« Wenn wir alle diese Jahre zusammenzählen, dann erhalten wir die folgende Menge: $13 \times 400 = 5.200$ Jahre, plus $15 \times 400 = 6.000$ Jahre, plus weitere 400 Jahre. Nach einer Analyse dieser Zahlen kommen wir zu dem Schluss, dass es sich bei dem ersten Datum um 13 Baktun, 4 Ahau und 8 Cumhu handelt, plus 400 Jahre, was insgesamt 11.600 Jahre ergibt.

Nach der Überlieferung der Itzae (von denen nur etwa einhundert Älteste noch die alte Sprache der Itzá-Maya sprechen) war dies der Zeitpunkt, an dem ihre Vorfahren in dem Gebiet eintrafen, das heute die mexikanische Halbinsel Yucatán genannt wird. Weiter sagt das Chilam Balam von Chumayel, dass sie von einem Ort kamen, an dem das Wasser den Quell der Weisheit verschlungen hatte – ein Ort, der in ihrer Sprache Atzantiha hieß (siehe Abbildungen 1.2 und 1.3). Als die Itzae auf diesem Kontinent eintrafen, lebten die Mayavölker nicht auf heilige Weise. Wenn man von den eben erwähnten Jahreszahlen ausgeht, könnte dies durchaus dieselbe Epoche sein, die die Geologen als Ende der amerikanischen Eiszeit angeben. Vielleicht gibt uns diese Mayachronik auch genauere Angaben über die Dauer der Eiszeit: Es dauerte 11.600 Jahre, bis die Vergletscherung endete und das nördliche Eis verschwand. Laut dem Okkultisten James Churchward fragten die Spanier, als sie zum ersten Mal den Fuß auf die Halbinsel Yucatán setzten, die Maya danach, wie lange sie schon in diesem Land gelebt hatten. Als Antwort, berichtet er, nannten diese Leute eine Zeitspanne von ungefähr 11.600 Jahren.

Nach reiflicher Überlegung und Prüfung der Information, die diese Maya-Daten uns vermitteln, kommen wir zu dem Schluss, dass wir nicht mit den Kommentaren konventioneller, allgemein anerkannter »Gelehrter« wie Daniel Garrison Brinton, Joseph T. Goodman und Sylvanus Morley übereinstimmen, die so vehement darauf beharren, es habe in der Frühzeit auf dem amerikanischen Kontinent noch keine Menschen gegeben. Die meisten dieser eurozentrischen Forscher können nicht über ihre eigene Nasenspitze hinaussehen. Sie weigern sich anzuerkennen, wie uralt die mittelamerikanischen Völker sind, um die Vorrangstellung der Menschen aus Europa, Afrika und Asien zu zementieren. Nach diesen Gelehrten gibt es in Amerika nichts, was man aufgrund seines hohen Alters als prähistorisch bezeichnen könnte.

36 *Die heilige Kultur der Maya*

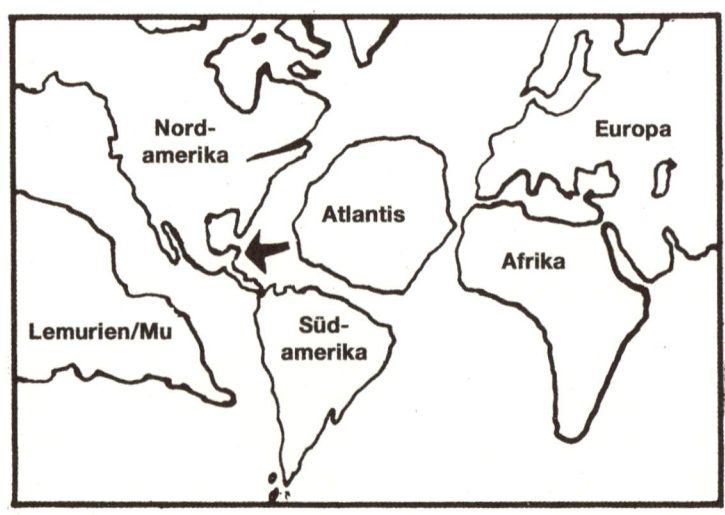

Interessant ist auch, dass die Chroniken der Maya und der Nahua in einer etwas verdeckten Form berichten, es habe vor der Ankunft ihrer Vorfahren in den mittelamerikanischen Gebieten bereits andere Völker dort gegeben – Menschen, die im Gebiet des mexikanischen Veracruz lebten und Olmeken hießen. Sie beherrschten das heutige Yucatán und hinterließen uns zahlreiche wunderschöne Kunstwerke aus Stein und Jade, von denen viele mit dem Jaguar zu tun haben. Als die Maya in der Gegend eintrafen, fanden sie mit an Sicherheit grenzender Wahrscheinlichkeit dort die verlassenen Pyramiden dieser früheren Bewohner vor.

Schließlich sollten wir noch die Entdeckung eines frühen mittelamerikanischen Skeletts erwähnen, das 1947 in Zentralmexiko in der Nähe von Mexiko Stadt gefunden wurde. Man nannte das Skelett den Mann von Tepexpán (später stellte er sich jedoch als Frau heraus). Man hat darüber spekuliert, dass dieses Individuum vielleicht von den Pranken eines wütenden Mastodons zerquetscht wurde. Jedenfalls ist allein dieses Skelett ein Beweis dafür, dass Menschen schon in der Frühzeit sowohl im Hochland von Mexiko als auch in Mittel-, Süd- und Nordamerika lebten.

Abb. 1.2. Churchwards Skizze der Kontinente vor dem Verschwinden von Atlantis und Lemurien (Mu). Wie der Pfeil anzeigt, kamen die Itzae laut ihrer eigenen Aussage aus dem Osten. Dies widerspricht der Behauptung konventioneller Historiker, dass die ersten Menschen, die Amerika besiedelten, aus dem Norden über die Beringstraße und Alaska einwanderten.

Abb. 1.3. Eine Seite aus dem Dresden-Kodex der Maya zeigt, wie der Gott Itzamna zu Schiff aus dem Osten kommt, woher die Maya laut ihrer Überlieferung stammten. In der Mayasprache hieß dieser Ort Atzantiha. Interessant ist auch, dass Itzamna als der große, meisterhafte Lehrer der Maya gilt. Seine Weisheit bildete die Grundlage zum Bau von Ch'iich'en Itzam (meist Chichén Itzá geschrieben). Dieses Initialwissen manifestierte sich in den Formen der Tempel von Yucatán.

Der Dresden-Kodex

Wenn ein Volk die Fähigkeit besaß, die Phänomene, die die Erde veränderten, mit Hilfe des geschriebenen Wortes festzuhalten, wie im Fall des Dresden-Kodex der Yucatán-Maya, dann muss dieses Volk zwangsläufig das Fachgebiet Astronomie absolut perfekt beherrscht haben. Der Dresden-Kodex gilt als ältestes bekanntes Buch des amerikanischen Kontinents und heißt so, weil er nach der spanischen Eroberung den Weg in die deutsche Stadt Dresden fand. Zweifellos aufgrund des darin enthaltenen astronomischen Wissens ist er eins der wenigen Maya-Manuskripte, die die Europäer als des Studiums würdig erachteten – ein zusammenklappbares Papyrusbuch, das höchstwahrscheinlich die spätere Abschrift eines viel älteren Originals ist. Es enthält komplexe kalendarische Daten, aufgezeichnet im Datumssystem der Maya, darunter mathematische Kalkulationen der Planetenbewegungen. Außerdem wurde darin verzeichnet, welche Planeten durch ihre Abweichungen

Abb. 1.4. Auf dieser Illustration aus dem Dresden-Kodex der Maya von Yucatán sieht man ganz oben vier Zahlen. 1 entspricht dem Planeten Venus, 2 dem Mars, 3 dem Merkur und 4 dem Jupiter. Diese Seite aus dem Dresden-Kodex stellt eine der großen Flutkatastrophen dar, die die Menschheit heimsuchten. Aufgrund gewisser Vorkommnisse innerhalb unseres Sonnensystems näherten sich diese vier Planeten einander an und erzeugten ein kosmisches Phänomen, dem ein Großteil der menschlichen Rasse zum Opfer fiel. Pfeil 1 deutet auf ein Symbol, das die Sonne im Zentrum zeigt, zu beiden Seiten von ihr sieht man Tag und Nacht und darunter eine Menge herabstürzendes Wasser. Pfeil 2 deutet auf ein Symbol, das den Mond im Zentrum und Tag und Nacht zu beiden Seiten zeigt, was auf einen lunaren Zyklus von 28 Tagen hinweist, in dem es sehr viel geregnet hat. Pfeil 3 zeigt uns zwei Knochen, die in Form eines X gekreuzt sind und darauf hinweisen, dass das viele Wasser, das auf die Erde fiel, eine Menge Todesfälle verursachte.

Eins – Uralte Wurzeln der Maya 39

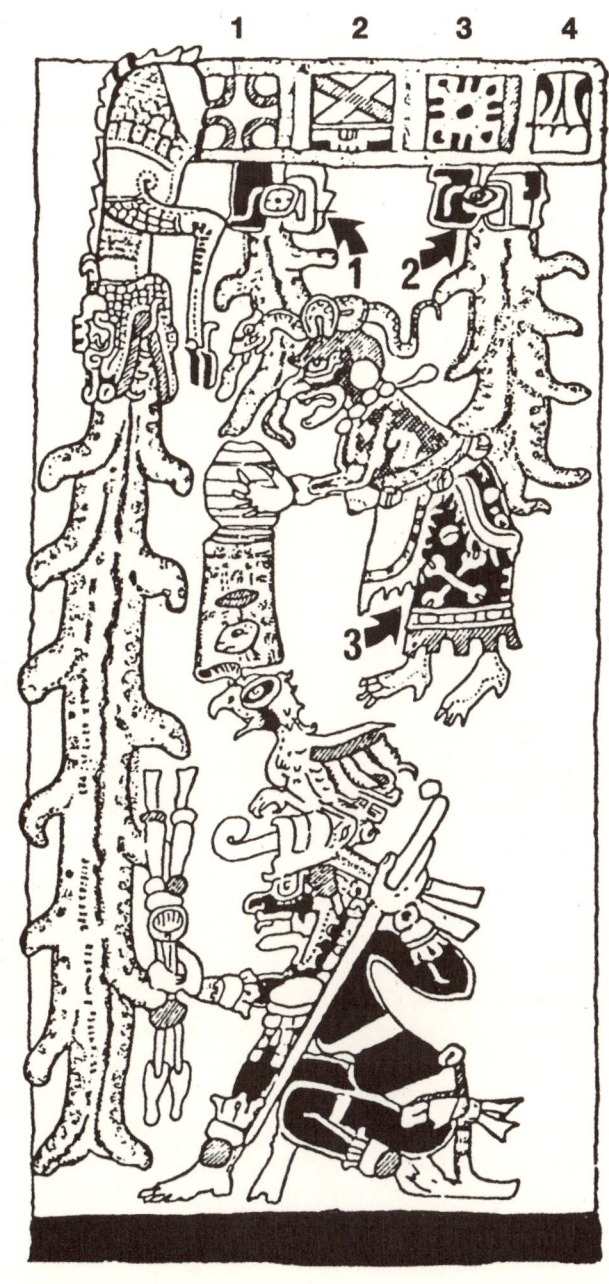

die große Flut bewirkten und auf welche Weise diese das Leben auf der Erde beeinflusste. Der Qualitätsstandard solcher kalendarischer Aufzeichnungen der Maya war von hoher Perfektion, wie die Beobachtungen und Kalkulationen in diesen heiligen Texte beweisen, und allein das ist schon ein Beleg dafür, wie außergewöhnlich die Mayakultur war (siehe Abbildung 1.4).

Atlantis, Lemurien und die Maya

Nun wollen wir uns den Theorien des Erfinders, Ingenieurs und Okkultisten James Churchward (1851–1936) zuwenden. Dieser meinte, dass in uralter Zeit, vor der Zerstörung der Kontinente, die man heute Atlantis und Lemurien (oder Mu) nennt, die Maya, Nahua, Hopi, Inka, Aymara und andere Völker Verbindung zu den versunkenen Kontinenten hatten und in kulturellem Austausch mit ihnen standen und dass dies zur Verbreitung des heute sogenannten Maya-Wissens führte (siehe Abbildung 1.5). Churchward erklärte, dass Mu, der versunkene Kontinent im Pazifik, der Ursprung der Zivilisation war und dass von dort aus zunächst Amerika und dann Atlantis kolonisiert wurde.

Wenn wir Churchwards Weltkarte betrachten, müssen wir bezweifeln, dass die konventionellen Historiker recht haben

Abb. 1.5. James Churchward zeigt, dass einst zwei Kontinente existierten, die später versanken und vom Pazifischen und Atlantischen Ozean verschlungen wurden. Diese Kontinente hießen Mu (oder Lemurien) und Atlantis. Wie man auf Churchwards Weltkarte sieht, waren die Bewohner von Mu mit den Maya, Nahua, Hopi, Inka, Aymara und anderen Völkern verbunden, während all diese Völker gleichzeitig auch Beziehungen zu Atlantis unterhielten. Atlantis war seinerseits mit den Ägyptern, Itianern, Babyloniern, Hindustani und anderen Völkern verbunden.

Eins – Uralte Wurzeln der Maya 41

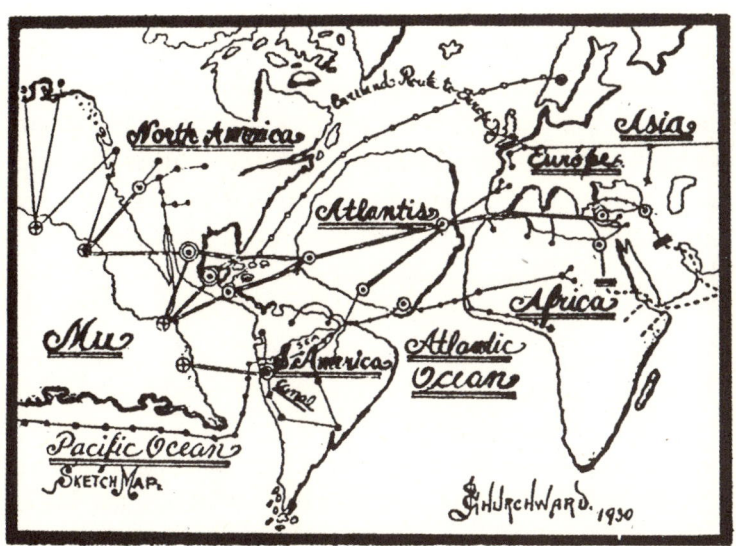

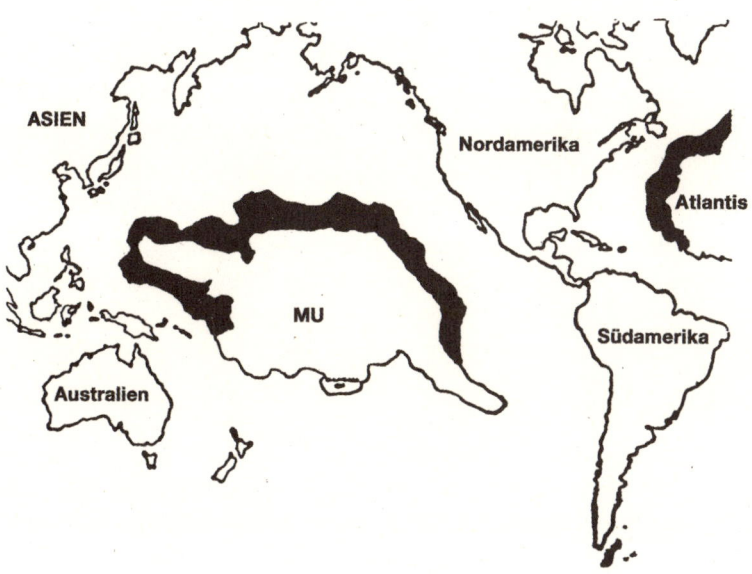

mit ihrer Behauptung, dass unsere Eingeborenen-Vorfahren über die Beringstraße und Alaska nach Amerika kamen – und natürlich auch mit ihrer Behauptung, Kolumbus habe Amerika »entdeckt«, oder gar mit ihrer Bezeichnung unseres Kontinents als »Neue Welt«. Wenn uns daran liegt, dass die kosmische Unterweisung der Menschheit weiter voranschreitet, müssen wir diese Lügen unbedingt aufdecken.

Ein Auszug aus dem Buch *Educadores del mundo* (»Lehrer der Welt«) des Maya-Forschers Ignacio Magaloni Duarte berichtet Folgendes:

> In dieser Studie werden wir aufgrund der Anwesenheit vieler Maya-Wortstämme in verschiedenen anderen Sprachen aufzeigen, dass die Mayasprache die uralte Muttersprache ist, nach der so viele zeitgenössische Philologen suchen. Wir werden unsere Indizien mit wichtigen historischen Fakten untermauern ... Die altägyptischen Historiker sagen übereinstimmend, dass weise Architekten aus Atlantis in ihr Land kamen und die Einheimischen lehrten, wie man Steinblöcke schneidet und große Pyramiden baut.

Und in dem Buch *El Egipto de los faraones* (»Das Ägypten der Pharaonen«) des Historikers Juan Marin heißt es:

> Horus war ein Teil der Abydos-Triade, aus der der perfekte Ausdruck des Dreiecks und die perfekte architektonische Form der Pyramide hervorging. [Horus war der Sohn des Osiris, der auch »der große Atlantis« genannt wurde.] ... In den archaischen Heiligtümern des Osiris können wir die seltsame Konfiguration des rätselhaften Osirion betrachten und analysieren, eines vorwiegend unterirdischen, von Kanälen umgebenen Tempels. Die Bevölkerung dieser Insel glaubte, dass das Leben im Wasser entstanden war [Evolution: ein mittelamerikanisches Konzept, dass Jahrtausende

lang seinesgleichen suchte]. Daraus ergab sich die symbolische Affirmation, dass Osiris als erster Kolonist aus Atlantis gekommen ist und dass die Weisen dieses anderen Kontinents ihn gesandt hatten, um die Schätze der Wissenschaft und Weisheit auf der ganzen Welt zu bewahren.

Die Geschichte lehrt uns, dass diese Persönlichkeit zur Regierungszeit des Pharao Djoser (2900 v. Chr.) die sechsstufige Pyramide von Sakkara entwarf und baute und dass er die Ägypter lehrte, Steinblöcke zu schneiden und Pyramiden zu bauen und dass er der eigentliche Vater sämtlicher Initiationstraditionen des Nahen Ostens und des mittelalterlichen Europa war. Man darf die osirianischen Mysterien als Inspiration der orphischen und eleusinischen Mysterien auffassen, die in Argos, Phokis, Arkadien und Mitraikos gefeiert wurden und durch die Perser nach Armenien, Kappadozien, Sizilien und sogar Rom gebracht wurden.

Ägypten und die Maya

Um das hohe Alter der Mayazivilisation und ihrer astronomischen Kalender und die Verbindung zwischen Ägypten und den Maya noch weiter zu zementieren, wollen wir uns nun dem Gebiet der Linguistik zuwenden.

Imhotep war ein ägyptischer Universalgelehrter, der während der dritten Dynastie dem Pharao Djoser als Kanzler und Hohepriester des Sonnengottes Ra diente. Er war Ingenieur, Architekt, Astrologe und Arzt sowie der Schirmherr der Schriftgelehrten. Er personifizierte Weisheit und gründliche Ausbildung und gilt als Architekt der Stufenpyramide von Sakkara in der Stadt Memphis.

Ich würde das Wort *Imhotep* eher *Inhotep* schreiben, mit einem *n* statt einem *m*. Meine Forschungen ergaben die folgende

44 Die heilige Kultur der Maya

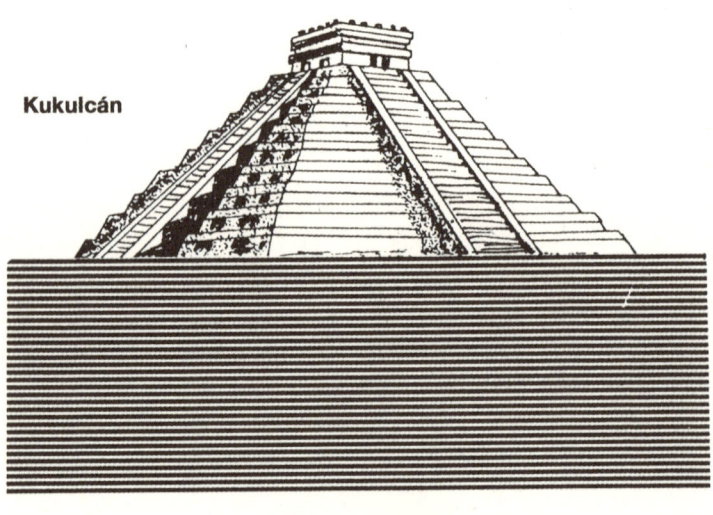

Kukulcán

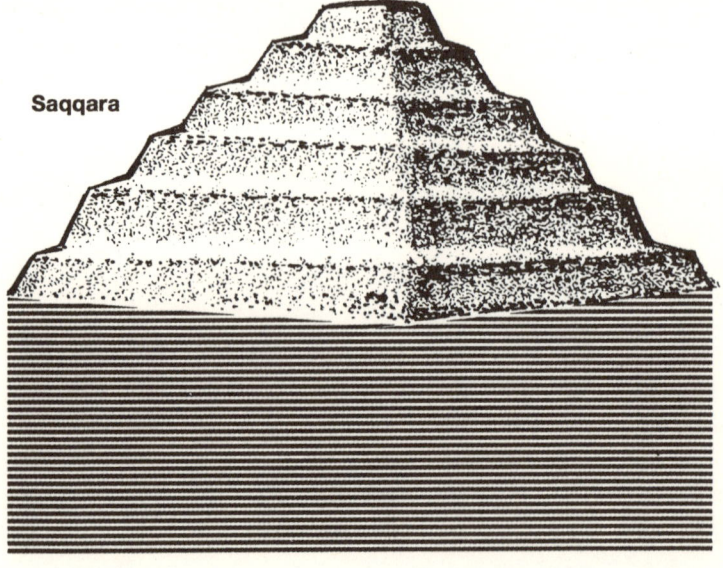

Saqqara

Maya-Etymologie des Wortes *Inhotep*: *in*, das persönliche Fürwort der ersten Person Singular, *ich*. Die nächste Silbe: *ho*, Wurzel des Wortes *hok'ol*, was »erscheinen, auftauchen« bedeutet. Und schließlich die Silbe *tep*, Wurzel des Wortes *tepeu*. Dieses Wort wird im Popol Vuh eindeutig erklärt – dort steht, dass Tepeu und Gucumatz (oder Kukulcán) die Schöpfer oder Former der Menschen waren, und zwar mit Hilfe der Macht, die ihnen Hunab K'u, der absolut Eine, verliehen hatte. Um diese Analyse zusammenzufassen: *Inhotep* bedeutet »Ich erscheine als der Schöpfer«. Für die Ägypter war er einer ihrer Meister, und sie verliehen ihm nach seinem Tod göttlichen Rang. Und nun betrachten Sie die Abbildung 1.6, die die Pyramide des Kukulcán in Mexiko und die Pyramide von Sakkara in Ägypten zeigt. Beachten Sie die auffälligen Ähnlichkeiten beider Bauwerke.

Wie ich in meinem Buch *Das geheime Wissen der Maya* erwähnte, berichtete Berosus der Chaldäer, der Historiker-Priester von Babylon, wie die Maya in seiner Heimat eintrafen – sie stiegen in Form eines Fisches herab und brachten ihre Kultur mit. Der

Abb. 1.6. Die Architektur der beiden Pyramiden, Kukulcán und Sakkara, weist eine unstrittige Ähnlichkeit auf. Es ist auch möglich, dass die rituelle und wissenschaftliche Benutzung beider Bauwerke einem gemeinsamen Zweck diente. Die oben gezeigte Pyramide ist die des Kukulcán in Chichén Itzá im mexikanischen Yucatán. Die untere Pyramide ist die Stufenpyramide im ägyptischen Sakkara. Der Bau der Letzteren wird Inhotep zugeschrieben, dem Architekten des Pharao Djoser – derselben Person, auf die man auch die Kunst des Steinbaus zurückführt. Der Name Inhotep ist in eine Statue in der Nähe von Pharao Djosers Grabs eingeritzt. Inhoteps Weisheit war legendär, denn er lehrte außerdem Medizin, Astronomie und Magie. Die Griechen identifizierten ihn mit der Medizin und änderten den Namen Inhotep später sogar in Asklepios, womit sie ihn zum Gott der Medizin erhoben. Inhotep baute die Stufenpyramide von Sakkara auf ein erhöhtes Stück Land, das die Stadt teilte. Die Ägypter berichten, dass man noch tausend Jahre nach dem Bau der Pyramide von Sakkara die Perfektion ihrer Architektur bewunderte.

altägyptische Priester, Historiker und Mathematiker Manetho berichtete, dass die Maya 13.900 Jahre lang in Atlantis lebten. Viele andere Historiker, Priester und Philosophen schrieben den Maya eine wichtige Rolle bei der Einführung der Kultur in ihrem jeweiligen Teil der Welt zu.

Der Forscher Pedro Guirao fügt in seinem Buch *Mu, ¿Paraiso perdido?* (»Mu, verlorenes Paradies?«) noch einiges zu den Forschungsergebnissen hinzu, die das hohe Alter der Mayazivilisation und ihre Verbindung mit Ägypten bestätigen:

> Sowohl Augusto Le Plongeon in seinem Buch *La Reina Moo y la Esfinge Egipcia* (»Königin Moo und die ägyptische Sphinx«), das 1900 in New York herauskam, als auch James Churchward behaupten, dass Königin Moo, die letzte Herrscherin der Can-Dynastie, die Mayasiedlung in Ägypten in der Nähe des Nils besuchte, und zwar im ersten Jahrhundert ihrer Existenz. Dies trug sich vor etwa 16.000 Jahren zu. Beide Autoren teilen uns außerdem mit, dass die Sphinx das Ebenbild der Königin Moo ist und zur Erinnerung an diesen wichtigen Besuch gebaut wurde.

Die kosmische, solare Erinnerung der Maya

Heute haben wir vergessen, wie man sich erinnert, und zwar in Folge der vielen falschen Erziehungsmethoden, die man uns Menschen jahrtausendelang während der verschiedenen Formen des Kolonialismus aufgezwungen hat. Als Maya erinnere ich mich jedoch mit Hilfe meines kosmischen Denkens. Und auch Sie, geneigte Leser, können lernen, sich mit Hilfe Ihres kosmischen Denkens zu erinnern, denn auch Sie sind kosmische Wesen.

In einem längst vergangenen Weltzeitalter, bevor die Maya in das heilige Land kamen, in dem wir heute leben, hielten sie sich in vielen Ländern auf, die man physisch nicht mehr sehen kann, weil sie sich nun unter den Wellen des Meeres befinden. Sie reisten an viele Orte, genau wie viele andere Eingeborenenvölker – zum Beispiel die Hopi, die das Gebiet der heute sogenannten Vereinigten Staaten zu einer Zeit besiedelten, in der ein Großteil dieses Landes noch unter Wasser war. In einer sehr weit zurückliegenden Zeit lebten die Maya in hohen Berggebieten, wo es viel Eis gab, und auch in Wüstenhochländern, die sich später verwandelten – manche in größere Landmassen, andere in kleine Inseln.

Die Maya können sich noch an den Kontinent Lemurien erinnern – oder Lemulia, wie er in der Mayasprache heißt: ein Ort, an dem ihre kosmische Religion verstanden und ausgeübt wurde. Viele verschiedene Völker erbten die heiligen Symbole von Lemulia, die die Zusammenfassung aller Weisheit repräsentierten. Eins dieser Symbole ist heute als der Davidstern der Hebräer bekannt.

Die alten Itzae, wie man die Vorväter unserer Tradition nannte, erinnerten sich auch an die Zeit, als wir auf dem Kontinent Atlantis lebten – oder Atlantiha in der Mayasprache. Jahrtausendelang lebten wir in diesem Land, in das unsere heiligen religiösen Symbole eingebettet waren. Diejenigen, die in den vielen dortigen Gemeinschaften lebten, verstanden das kosmische Wissen, das dort eingebettet war, und es entstanden noch weitere heilige Symbole, die ein Teil der universellen Weisheit waren und zur kosmischen Unterweisung dieses Volkes gehörten. Wenn ihre Kalender ihnen enthüllten, dass ein Zyklus seinem Ende zuging, dann wanderten viele ihrer Gemeinschaften an andere Orte, die magnetische Kraft besaßen, und sie nahmen ihr spirituelles und wissenschaftliches Wissen mit in die neuen Länder. So wurden die heiligen Lehren des Kosmos in vielen magnetischen Zentren auf der ganzen Welt deponiert: Chan Chan (Peru), Huete (Spanien), Tulle (Frankreich), Hu-nan (China), Bethlehem (Israel), Tih (Ägypten), Mississippi (Vereinigte Staaten), Humac (Brasilien), Nagasaki (Japan), Mul (England), Maya (Russland) und Naga (Indien), um nur einige zu nennen. Alle diese Ortsnamen stammen aus der Sprache der Maya.

Um das große Gesetz des Hunab K'u zu verstehen, besuchten meine Vorfahren, die alten Maya, alle diese Orte. Sie reisten zu sämtlichen Kardinalpunkten, nach Norden, Süden, Osten und Westen. Als sie in der Provinz Schensi eintrafen, wurde dort eine Gruppe von Pyramiden gebaut, eine davon 300 Meter hoch. Als sie in Tibet waren, wurde die große weiße Pyramide am Rand der Himalaja-Bergkette gebaut. Im Dschungel von Kambodscha wurde Angkor gebaut. Alle diese Pyramidentempel, ebenso wie die in Ägypten und anderswo, wurden gebaut, als die Menschen noch im Licht des kosmischen Wissens lebten.

Den großen Kontinent namens Amerika kannten die Itzae laut unserer Überlieferung als Tamaunchan. Und so erhob sich Tamaunchan als eine Weiterführung der kosmischen Unterweisung des Volkes. Diejenigen, die hierherkamen, brachten das Wissen um Atlantiha mit, aber im neuen Land Tamaunchan entwickelten sie gemeinsam mit den Bewohnern dieser neuen Länder, die man später Maya nannte, noch weiteres spirituelles Wissen. So erbten die Maya das Wissen von Atlantiha und entwickelten zusätzliche kosmische Weisheit. Und mit ihrer heiligen Sprache erschufen sie das Mayawort Hunab K'u, das für sie das große Konzept von der Erschaffung des Universums bedeutete.

Zwei

Hunab K'u:
Geber der Bewegung
und des Maßes

Die alten Maya teilten mit anderen Eingeborenenvölkern Mittelamerikas einen hoch entwickelten Sinn für intuitives Denken, freien Willen und eine unbeugsame Entschlossenheit, der Wahrheit zu dienen. Für diese Mayameister war Wissenschaft nicht von Religion und Philosophie getrennt – sie bedienten sich der Logik für die *Panche Be*, die Suche nach der Wurzel der Wahrheit. Die Mayaweisen beobachteten unermüdlich die Natur. Sie widmeten sich nicht nur dem Verstehen von Mutter Erde und all ihrer natürlichen Manifestationen, sondern beobachteten mit der gleichen Beharrlichkeit auch die Bewegungen und Positionen der Himmelskörper im unendlichen Weltraum. So meisterten sie ihre präzise Wissenschaft der Astronomie und Astrologie. Das Ergebnis ihrer Forschungen waren ihre astronomischen Kalender, und mit ihrer Hilfe lernten sie, die Zyklen der kosmischen Zeit so umfassend zu begreifen.

Aufgrund ihrer präzisen Beobachtungen kamen die Maya zu dem Schluss, dass sie ebenfalls ein Teil der Natur waren. Aber statt ein mythisches Konzept der »Götter« zu entwickeln, wie es beispielsweise die Griechen in ihrer Mythologie taten, bestanden die Philosophen/Wissenschaftler der Maya darauf, dass die verschiedenen Gottheiten Naturkräfte repräsentierten. Weiterhin schlussfolgerten sie, dass sie als Teil der Natur ein Element mit allen anderen Teilen der Natur gemeinsam hatten – eine Seele.

Die Maya fassten die Seele als etwas auf, das eine materielle Form besitzt, denn alles in der Natur besitzt eine Form. Darin unterscheidet sie sich vom Geist, der für die Maya reine Energie oder *k'inan* ist. Dieser Begriff entstand aus dem Wort *K'in*, »Sonne«, und der Nachsilbe *an*, eine konditionelle Form des Verbs von »sein«. K'inan ist somit Geist-Energie oder der solare Faktor, reiner Geist, während die Seele eine Manifestation des Geistes ist beziehungsweise etwas, durch das der Geist fließt. Diese Schlussfolgerung war für die Maya eine schlichte Wahrheit, doch die moderne Wissenschaft hat gerade erst damit begonnen, sie zu erkennen: dass sich nämlich selbst die winzigsten Komponenten der Materie an gewisse geometrische Muster halten, deren Dimensionen von einer intelligenten Energie bestimmt werden – einer Energie, die alle intellektuellen und kreativen Aktivitäten der Menschheit antreibt.

Und was ist die Quelle dieser intelligenten Energie? Mittels eines Denkprozesses der Logik und Synthese und mit einem hohen Maß an Verständnis für das Gesamtkonzept zogen die Philosophen/Wissenschaftler der Maya den Schluss, dass es ein absolutes Wesen gibt. Laut ihrer Definition war dieses absolute Wesen kein Gott mit einer klar umrissenen Persönlichkeit, so wie der biblische Gott, den die spanischen Eroberer später dem fortgeschrittenen Mayavolk aufzwingen wollten. Er war auch kein fernes, abgetrenntes Wesen, weit weg in einem entrückten »Königreich des Himmels«, das auf die Schöpfung »herabsah«. Vielmehr erlebten die Maya ihr höchstes Wesen im Einklang mit den Menschen und mit allen Erscheinungsformen der Natur und drückten es in Form mathematischer Komponenten aus – als Maß der Seele und der Bewegung der Energie, die Geist ist, oder als universelle Dynamik, die das Leben in seinen Erscheinungsformen als Geist und Materie stimuliert, oder als Prinzip der intelligenten Energie, die das gesamte Universum durchdringt, sei es nun belebt oder unbelebt.

Aus alldem konnten die Mayaweisen nur folgern, dass jeder Mensch mit jedem anderen Wesen eins war und dass diese Einheit des Menschen mit anderen Menschen sogar die wahre Natur der Menschheit war – und dass die Menschen außerdem eins mit allen anderen Erscheinungsformen der Natur waren. Sie öffneten sich dem Mikrokosmos des Atoms ebenso wie dem Makrokosmos des Unendlichen und besaßen das spirituell hoch entwickelte Konzept der Vielfalt innerhalb der Einheit und der Einheit innerhalb der Vielfalt.

Aufgrund dieses Standpunktes erschien es den Maya nur logisch, dass die »Götter« (beziehungsweise die Naturkräfte), die Menschen und die Zahlen ein und dasselbe waren – und dass sie alle Ausdrucksformen von Hunab K'u, dem Architekten des Universums, waren. Dieser Gott, diese höchste Energie, von der alle Dinge in der Natur lediglich Manifestationen sind, wurde »Geber der Bewegung und Geber des Maßes« genannt, weil *es keine Bewegung geben kann, die nicht auch ein Maß besitzt*. Da sie wussten, dass Gott Energie ist und dass Energie Gott ist, erkannten die Philosophen/Wissenschaftler der Maya die Einheit der Menschheit mit Hunab K'u, der numerisch als die Vereinigung der Zahlen 13 und 20 ausgedrückt wird, denn diese repräsentieren Bewegung und Maß, Energie und Form, Seele und Geist. Diese numerische Symbolik findet sich in der geometrischen Form eines Quadrats innerhalb eines Kreises – eine Synthese der universellen Geometrie, beruhend auf dem menschlichen Körper.

Heilige Geometrie: Der Kreis und das Quadrat

Weil die Geometrie die Grundlage ihres deduktiven Denkens war, benutzten die Maya sie, um den höchsten Architekten und

Schöpfer des Universums darzustellen – Hunab K'u, die intelligente Energie, die ihre Weisheit greifbar in Form ihrer chronologischen Gesetze manifestiert und damit die materiellen Dinge dieser Welt beherrscht. Einer der Beweise für diese Tatsache ist das Mayawort *men*, das »schöpfen, formen, machen« bedeutet – die geistige Kraft, die die Intelligenz fördert und uns die Fähigkeit schenkt, zu wissen, zu verstehen und zu begreifen, damit wir dann kraft unserer Intelligenz das göttliche Geschenk erfinden beziehungsweise entdecken dürfen, das der höchste Architekt des Universums uns Menschenwesen gewährt hat.

Wir wollen noch etwas tiefer in diese Erörterung des Gebers von Bewegung und Maß eindringen, indem wir betrachten, was der Anthropologe Domingo Martínez Paredez uns über Pythagoras und die Zahlen sagt. Das Folgende entstammt Meister Paredez' Essay »Hunab K'u, Synthese des philosophischen Gedankenguts der Maya«:

> Sowohl für die Pythagoräer als auch für die Maya waren die Zahlen heilig. Pythagoras lehrte, dass die Zahl 12 das Unendliche ist, während die Maya glaubten, die 13 sei das Unendliche, denn sie hatten der Zahl 12 bereits eine andere Bedeutung verliehen. Diese symbolisierte die zwölf Gottheiten, die die Ecken des Himmels bewachten, jene ideale Eingrenzung, innerhalb derer sich sämtliche Aspekte des Lebens abspielen.
>
> Pythagoras hielt die Zahl 5 für die lebensspendende Ordnung, und die Maya desgleichen – sie repräsentierte nichts weniger als den Pfad der Sonne, den höchsten Ausdruck der Allgegenwart Hunab K'us, des Trägers von Bewegung und Maß, verdeutlicht durch die zwei Sonnwenden und die zwei Tagundnachtgleichen, plus den zentralen Punkt der Sonne, was fünf ergibt. Ebenso ist die Fünf im menschlichen Torso verkörpert, mit den beiden beweglichen Gelenken der Arme, den beiden Beingelenken und dem Nabel als Zentrum.

Die Pythagoräer behaupteten, dass alle Dinge Zahlen sind und dass die Welt durch Zahlen erschaffen wurde. Die Maya stellten ihrerseits fest, dass alle Dinge durch dreizehn Zahlen verwirklicht wurden und von zwei fundamentalen geometrischen Grundformen beherrscht werden – dem Kreis und dem Quadrat beziehungsweise der Kugel und dem Würfel.

Doch es ähneln einander nicht nur die griechische und die Maya-Auffassung der heiligen Zahlen und geometrischen Formen. Auch zwischen Ägyptern, Maya und Teotihuacánern gibt es erstaunliche Parallelen, was das Konzept der Zahlen und geometrischen Formen angeht, wie man auf Abbildung 2.2 sehen kann. (Sie erinnern sich, dass im ersten Kapitel Pedro Guirao behauptete, die Maya seien vor etwa 16.000 Jahren in Ägypten gewesen.) Um diese Untersuchung der Parallelen zur Mayakultur fortzusetzen, sei hier wieder Maestro Paredez zitiert:

> Erinnern wir uns an die Ähnlichkeiten zwischen gewissen christlichen Praktiken und denen der Maya, zum Beispiel Taufe, Beichte und so weiter. Aber die größte Übereinstimmung, die die Spanier so sehr beeindruckt hat, war die Existenz eines Wesens, das der ewige Vater war und von dem alles abhing, sogar Christus selbst, sein Sohn. Konfrontiert mit einer solchen Manifestation der Allmacht, Allgegenwart und Allwissenheit konnten die Spanier nicht daran zweifeln, dass Hunab K'u niemand anders war als ihr eigener Gott.

Als die spanischen Eroberer von der Existenz Hunab K'us erfuhren, konnten sie in der Tat nicht umhin zu glauben, dass dies derselbe allerhöchste Schöpfer sein musste wie ihr eigener. Wie hätten sie sonst die Tatsache erklären sollen, dass die Maya das Kreuz anbeteten? Doch die kulturelle Mentalität der Spanier erlaubte es ihnen nie, die eigentliche, tiefe, metaphysische

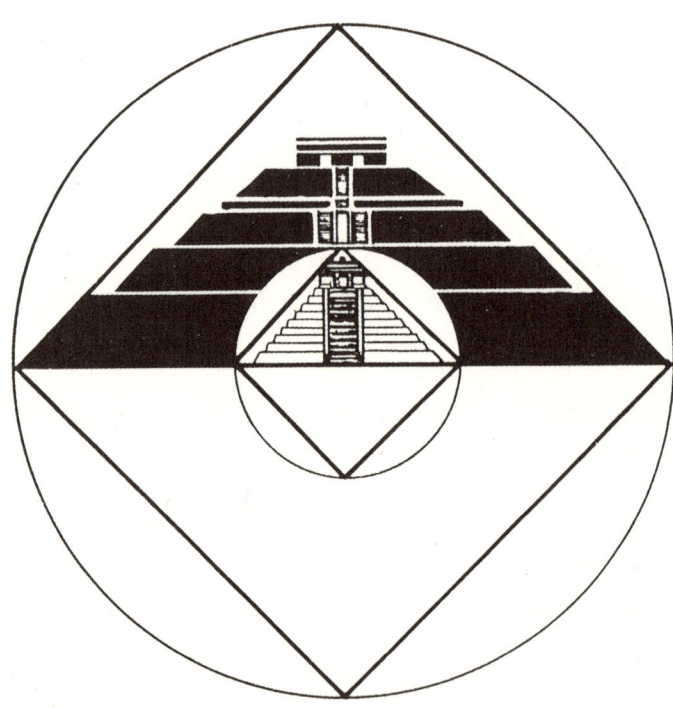

Abb. 2.1. Auf dieser Abbildung sehen wir drei Pyramiden, die in die Formen eines Kreises und eines Quadrats integriert sind. Die erste, die kleinste, ist die Pyramide des Kukulcán in Chichén Itzá, die mittlere ist die Pyramide der Sonne in Teotihuacán und die dritte ist die Cheopspyramide in Ägypten. Wie man sieht, waren die geometrischen Grundformen beim Entwurf dieser drei Pyramiden der Kreis und das Quadrat.

Hunab K'u, der den Maya heilig ist und geometrisch durch einen Kreis und ein Quadrat symbolisiert wird, ist in alle drei Pyramiden integriert, die an drei sehr weit voneinander entfernt liegenden Orten erbaut wurden, aber durch das gemeinsame Konzept miteinander verbunden sind, das der heiligen Geometrie innewohnt. Damit niemand mehr daran zweifelt, möchten wir hervorheben, dass die Erbauer aller drei Pyramiden nicht nur dieselbe Wissenschaft benutzten, sondern auch dieselbe Terminologie: Der eigentliche Name der sogenannten Cheopspyramide in Ägypten ist K'ufu, der Name der Mayapyramide ist K'u, und die Worte *K'u* und *K'ufu* entstammen derselben Sprache.

Bedeutung zu begreifen, die das Kreuz für die Maya hatte: Es war die transzendente Synthese aller religiösen Erfahrungen der Maya.

Das alte Mayawort für Baum ist *te*, wie in den Worten *teol* und *teotl*, die in den Sprachen der Maya und der Nahuatl den Schöpfergott bedeuten, und es wird durch den Buchstaben T symbolisiert. Dieser repräsentiert Geist, Wind oder den heiligen Atem. Der heilige Baum oder Baum des Lebens, der auch die Weltachse oder die Achse des Universums genannt wird, ist sowohl die Verbindung zur spirituellen Welt als auch die Verbindung zwischen Himmel und Erde. Dieses Wort wurde von den alten Völkern am tiefsten verehrt und durch den heiligen Baum dargestellt – ein Symbol des höchsten Architekten. Es ist in den Maya-Hieroglyphen sowie in sämtlichen Formen der Eingeborenenarchitektur beider Amerikas vorhanden, etwa in T-förmigen Eingängen oder in kreuzförmigen Fenstern. Auf der ganzen Welt gibt es keine Religion, die dieses Symbol nicht in Verbindung mit dem kosmobiologischen Gesetz benutzt, dem wir alle unterliegen. Der Baum des Lebens war für die Maya das Tor zu Hunab K'u. Immer wenn dieses Symbol in den Ritualen und Zeremonien der Maya benutzt wurde, vereinigte sich das Volk der Maya wieder mit seinen wahren Ursprüngen.

In fernen Zeiten und längst vergangenen Epochen gehörte der heilige Baum des Lebens zu den Symbolen, die die Maya den Völkern Asiens, Afrikas und Europas brachten. Im Lauf der Zeit brachten die spanischen Eroberer uns dann diese Symbole zurück, aber inzwischen war der heilige Inhalt der Kreuzes und anderer Symbole verzerrt und bezog sich auf das Leiden der Menschen. Die eroberten Maya weinten wie kleine Kinder, als die spanischen Mönche ihnen ihr Kreuz zeigten, auf dem der blutige, gekreuzigte Körper Jesu hing, der Liebe, Großmut und Wohlwollen für unseren Nächsten gepredigt hatte – ganz ähnlich wie in dem Mayasprichwort *In Lak'ech* (»Du bist ich und ich bin du«). Sie konnten absolut nicht verstehen, wieso ein Symbol für einzigartige Güte und Macht dazu benutzt werden konnte, jemanden zu foltern! Die Spanier wiederum begriffen nicht, was die Maya eigentlich so verstörte. Dies war eindeutig ein Beispiel für den Missbrauch eines Symbols – in diesem Fall des Kreuzes.

Nein, die Spanier zweifelten nicht daran, dass irgendein christlicher Apostel schon vor ihnen im Mayaland gewesen war. Sie kamen sogar zu dem Schluss, dass der Azteke Quetzalcoatl, die gefiederte Schlange, die heilige Energie, die dem Kosmos ewiges Leben schenkt und bei den Maya Kukulcán hieß, niemand anders gewesen sein konnte als der heilige Thomas. Martínez Paredez fährt fort:

> Wir sagen dies, weil der Einfluss Hunab K'us unter den Namen Tonalpohuaque und Ipalnemohuani (»Er, durch den das Volk lebt«), den die Azteken anbeteten, in ganz Neuspanien, wie es damals genannt wurde, verbreitet war – und er hatte auch begonnen, sich über die Ruinen des alten Anahuac zu erheben, genau wie die katholische Christusreligion das mathematische Konzept Gottes als einzigartigem Träger von Bewegung und Maß verdrängt hatte, das in der Magie der geometrischen Formen und Zahlen festgehalten wurde.

Als die spanischen Eroberer in Mittelamerika eintrafen, waren In Tloke Nahuake und Ipalnemohuani für die Mexicas und Azteken die Namen des heiligen Einen. Dieses höchste Wesen, der Träger von Bewegung und Maß, ist derselbe Eine, den die Maya von Yucatán anbeteten: Hunab K'u. Er wurde auch im aztekischen Kalender genauso dargestellt, nämlich als Kreis und Quadrat – die Synthese des universellen Konzepts des Heiligen, ausgedrückt durch die Geometrie.

Noch heute ist ungewiss, wie viele Jahrtausende lang die Maya den Architekten des Universums verehrten, der durch diese beiden geometrischen Formen so wunderbar dargestellt wird. Es ist bemerkenswert, dass die Itzae erwähnten, diese Länder seien schon, bevor sie zum ersten Mal auf der Halbinsel Yucatán ankamen, häufig vom Ozean überflutet worden. Das bedeutet, dass das Mayavolk in seinen astronomischen Kalendern alle Zeitalter notiert hatte, in denen die Yucatán-Halbinsel unter dem Meer versunken war, und dass ihre Erinnerung sehr weit zurückreichte.

Es entstand ein katastrophaler kultureller Schaden, und zwar sowohl für die Maya als auch für den Rest der Menschheit, als die Eindringlinge während der spanischen Eroberung zahllose Massenmorde organisierten und außerdem noch unabsichtlich viele Krankheiten verbreiteten, gegen die die eingeborenen Völker keinerlei Abwehr besaßen. Diejenigen, die die Eroberung überlebten, lernten, ihre uralten Götter durch die Symbolik der christlichen Heiligen zu tarnen – ebenso wie sie lernten, das römische Alphabet zu benutzen, um ihre heiligen Texte zu verbergen. Dann entdeckte der spanische Mönch Diego de Landa, dass die Maya ihre ungezählten heiligen Schriften beziehungsweise die Kodizes des Wissens ihrer Vorfahren versteckten, und initiierte 1562 eine blutrünstige Inquisition. Er begriff den Inhalt dieser Schriften nicht, brandmarkte sie aber als »teuflisch«. Bruder Landa folterte unzählige Maya, verbrannte 224 Mayakodizes und zerstörte über 5.000 Statuen und Schrifttafeln – die gewaltige Bibliothek der Mayazivilisation, die die kosmische Weisheit und die Geschichte der Welt sowie das Maya-Erbe ihrer Wissenschaften, Literatur, Philosophie und Religion enthielt. Das Ergebnis von Bruder Landas Inquisition war, dass die Maya gezwungen wurden, ihr Wissen innerhalb ihrer Familien geheimzuhalten. Wer das nicht tat, wurde von der Inquisition umgebracht. Meine Familie hielt dieses Wissen zwölf Generationen lang geheim. Mein Onkel war Schamane und übertrug mir das heilige Wissen, bevor er starb.

Wenn wir die Maya und andere uralte Völker Gesamtamerikas untersuchen, müssen wir uns deshalb vor den Irrtümern und Fehleinschätzungen hüten, die von eurozentrischen Gelehrten wie Daniel Garrison Brinton, Joseph T. Goodman, Charles Pickering Bowditch, Sylvanus Morley und Aleš Hrdlička gemacht wurden. Diese Männer wussten schlichtweg nichts über unsere Kultur, und ihr Einfluss hat dazu geführt, dass Informationen über die Eingeborenenvölker Mittelamerikas verzerrt und ihre Kultur rundweg geleugnet wurde. Und dann gibt es die neue Generation von Fantasieautoren, die ihre Einbildungskraft dazu benutzen, die Wirklichkeit zu verzerren – Autoren wie Erich von Däniken, den Verfasser des Buches *Waren die Götter Astronauten?*, der behauptet, die Kultur der Maya habe ihren Ursprung in einem Raumschiff, wodurch er ebenfalls unsere wahren mittelamerikanischen Wurzeln verleugnet.

Um die frühere Großartigkeit Mittelamerikas aufzuzeigen und ihren Wert zu demonstrieren, sollten wir uns dem Eingeborenenvolk der Arahuaco in Kolumbien zuwenden, bei denen der Schamane Crispín Izquierdo lebt. Dieser Schamane kennt Hunab K'u gut, und er war es auch, der die geometrische Weisheit des Arahuaco-Volkes an mich weitergab, als ich ihn dort besuchte. Siehe hierzu die Abbildungen 2.2 und 2.3.

Laut diesem Schamanen symbolisiert Abb. 2.2 (a) den Vater des Denkens, (b) die Mutter der Fruchtbarkeit und (c) Vater und Mutter beziehungsweise die Heiligen des Planeten Erde. Hier müssen wir berücksichtigen, dass für die Arahuaco »Vater und Mutter« eine etwas andere Bedeutung hat als die umgekehrte Reihenfolge »Mutter und Vater«. Für sie verändert sich auch die Lehre, wenn sich die Reihenfolge verändert, wie wir in der folgenden Erörterung sehen werden, denn »Vater« repräsentiert den heiligen Einen und »Mutter« bedeutet Mutter Erde. Das nächste Symbol, 2.2 (d), ist die Arahuaco-Darstellung der drei Ebenen, deren Mikrokosmos wir Einzelmenschen sind: (1) die

Erde, (2) der Kosmos und (3) das Unendliche. Die drei Kreise haben auch entsprechende Farben: Schwarz für die Erde, Weiß für den Kosmos und Gelb und Rot für das Unendliche.

Auf der Abbildung 2.3 (a) symbolisiert die vertikale Linie den Vater und die horizontale Linie die Mutter. Zeigt die vertikale Linie nach oben, ist sie zum Vater beziehungsweise zum Männlichen ausgerichtet. Zeigt sie nach unten, ist sie zur Mutter oder dem Weiblichen ausgerichtet. Zusammen symbolisieren die beiden Linien den Menschen. Den Arahuaco-Weisen zufolge findet man dort, wo sie einander überlappen, das Zentrum des Menschen – nämlich den Nabel. Abbildung 2.3 (b) zeigt Vater und Mutter als Gleichgewicht alles Seienden, und diese Form ist in jedem Menschen vorhanden. Die Arahuaco-Weisen fügen hinzu, dass wir, wenn wir diese Form in unserem Inneren verlieren, in Gefahr sind und vom Vater und der Mutter des Gleichgewichts verwundet werden könnten. Abbildung 2.3 (c) zeigt, wie Vater und Mutter den Menschen verlassen. Mit dieser Abbildung wollen die eingeborenen Arahuaco-Weisen uns warnen: Wir Menschen müssen das Gleichgewicht beziehungsweise die heilige Form aufrechterhalten, die sich laut ihrer Aussage an vielen Orten befindet, doch vor allem in sämtlichen Pyramiden auf der ganzen Welt. Diese sind Bibliotheken der kosmischen Weisheit und des kosmischen Bewusstseins, und wenn die Menschen sie aufsuchen, dienen sie ihnen als Tore zu anderen Dimensionen. Zu guter Letzt ist auf Abbildung 2.3 (d) laut den Arahuaco-Meistern die perfekte Form dargestellt, die alles Seiende auf Erden, im Kosmos und in der Unendlichkeit beherrscht. Sie beherrscht auch den Menschen, die Mathematik, die Geometrie, das Heilige und die Zeitzyklen (oder präziser ausgedrückt: die Kalender).

Man weiß erst sehr wenig über die Weisheit des Eingeborenenvolkes der Arahuaco, aber wir können eine Menge von ihm lernen.

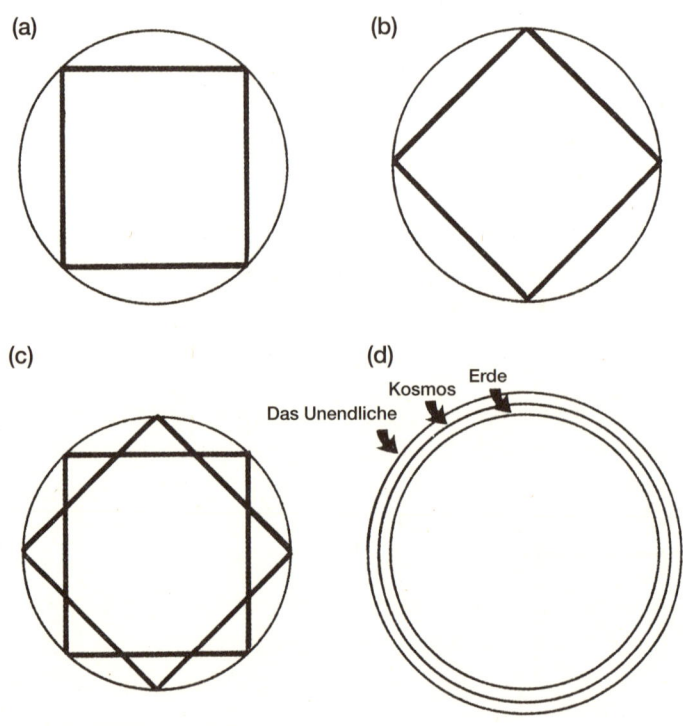

Abb. 2.2. Bei den Arahuacos von Kolumbien stellt das Symbol 2.2 (a) den Vater der Gedanken dar, (b) repräsentiert die Mutter der Fruchtbarkeit, welche die Mutter des Planeten Erde ist, und (c) zeigt Vater und Mutter des Planeten Erde oder die Heiligen des Planeten Erde. Die beiden überlappenden Quadrate symbolisieren die Vereinigung von Vater und Mutter oder des Makrokosmos und des Mikrokosmos, und diese Einheit findet man in allem, was existiert. Auf der Darstellung 2.2 (d) symbolisiert der innere Kreis die Erde, der mittlere Kreis den Kosmos und der äußere Kreis das Unendliche. Nach den Arahuaco befindet sich die zeitgenössische Wissenschaft auf der Ebene der Erde und hat noch kaum angefangen, die kosmische Ebene wahrzunehmen. Wenn die Wissenschaft die Ebene der Unendlichkeit wahrnehmen will, muss sie anfangen, mit der Spiritualität zu arbeiten. Nur dadurch wird es möglich, die höchste Ebene wahrzunehmen, die das Unendliche ist.

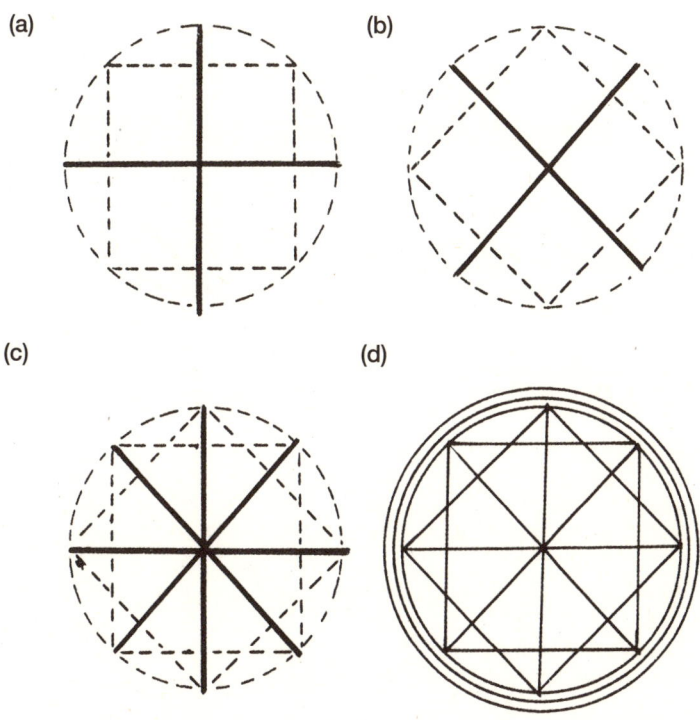

Abb. 2.3. Diese geometrischen Formen sind die Weiterführung der Lehren der kolumbianischen Arahuaco-Meister. Abbildung 2.3 (a) zeigt uns den Vater als senkrechte, nach oben weisende Linie, und wo die Linie nach unten deutet, symbolisiert sie die Mutter, die Göttin der Erde. Die horizontale Linie bedeutet die Mutter. Auf Abbildung 2.3 (b) kreuzen sich zwei Linien in Form eines X und repräsentieren Vater und Mutter des Gleichgewichts, das in allem Seienden vorhanden ist. Abbildung 2.3 (c) zeigt Vater und Mutter und die Entstehung des Menschen aus dieser geometrischen Form sowie die Lebensregel der Arahuaco, dass der Mensch dafür verantwortlich ist, diese Form und damit das Gleichgewicht aufrechtzuerhalten. Laut den Arahuaco-Meistern illustriert Abbildung 2.3 (d) die Tatsache, dass der Mensch mit seinen Artgenossen und mit seiner gesamten Umwelt in Harmonie leben muss, damit diese Form in vollkommenem Gleichgewicht bleibt.

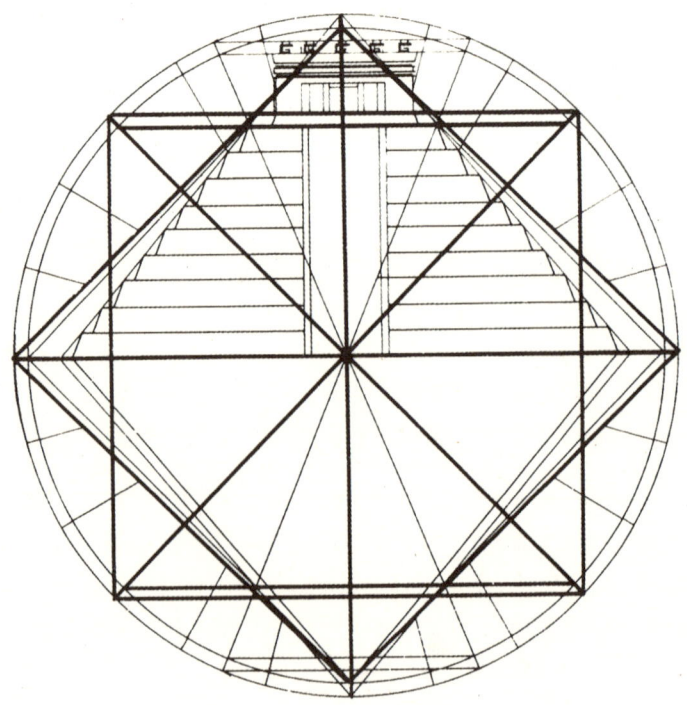

Abb. 2.4. Alles, was bisher über die Lehren der Arahuaco gesagt und in den vorangegangenen Illustrationen dargestellt wurde, ist in dieser Zeichnung zusammengefasst. Sie zeigt unter anderem die Pyramide des Kukulcán, das heilige Symbole der Maya, innerhalb des Kreises und des Quadrats. Mit Hilfe dieser geometrischen Formen – des Kreises, des Quadrats und der Linie – stellte das Mayavolk die Synthese seiner philosophischen Gedankenwelt dar. Es bildet die Grundlage dieser großen, den ganzen Kontinent umspannenden Kultur unserer Ahnen, die überdies Vater und Mutter so vieler anderer Kulturen auf der ganzen Welt gewesen ist. Für die Maya waren Kreis und Quadrat die Symbole des heiligen Einen Hunab K'u, der jegliche physische und spirituelle Existenz beherrscht. Hunab K'u existierte bereits, als alle Dinge noch in der Ruhe schwebten, in der Stille, und als die Leere die Ausdehnung des Himmels war und sich auf der Erde noch gar nichts manifestiert hatte. So waren alle Dinge, als Hunab K'u bereits existierte und alles erfüllte.

Wenn wir diese profunden Lehren sowie die gesamte Kosmologie und die geometrischen Konzepte unserer Arahuaco-Brüder in Kolumbien analysieren, kommen wir zu dem Schluss, dass ihre Weisheit der Mayaweisheit Hunab K'us entspricht, ebenso wie der Weisheit des In Tloke Nahuake und des Ipalnemohuani der Azteken und Mexicas. Es ist dieselbe heilige Lehre, die durch Geometrie, Mathematik und den Kosmos dargestellt wird. Dies haben die kolumbianischen Arahuaco-Meister auf Abbildung 2.4 auf großartige Weise ausgedrückt. Und somit sind Ägypter, Teotihuacános, Nahua, Maya, Terbis, Arahuaco, Inka, Aymara und viele andere als Lehrer der Menschheit miteinander verbunden.

Wenn wir tiefer in unsere Untersuchung der astronomischen Mayakalender eindringen, müssen wir der Abbildung 2.4 besonders viel Aufmerksamkeit schenken. Sie zeigt Hunab K'u, integriert in seine geometrische Darstellung. Dieses Diagramm ist zum Verständnis der Mayakalender und Hunab K'us als Träger von Bewegung und Maß von höchster Wichtigkeit. Wäre es den Studenten an der pythagoräischen Schule möglich gewesen, das vorliegende Buch zu lesen, dann hätten sie später gewiss nie die Symbolik dieser geometrischen Form vergessen! Dieses Gebilde bestätigt, dass Gott, die Zahlen und die Geometrie alle derselben höchsten Lehre dienen: Sie sind alle eins.

Die Verbreitung der Architektur Hunab K'us

Wir können unsere Erörterung des Kreises und des Quadrats nicht abschließen, ohne zu erwähnen, dass die Darstellung Hunab K'us in Gestalt von mathematischen Maßen und geometrischen Formen auch in die Architektur der Eingeborenen des Kontinents Tamuanchan (oder Amerika) integriert war, falls sie nicht von den europäischen Kolonialherren assimiliert wurden. In Luis Ferreros Buch *Costa Rica Precolumbina* (»Costa Rica in vorkolumbianischer Zeit«) kann man zum Beispiel nachlesen, wie das Eingeborenenvolk der Terbi ein Haus baute, wobei die geometrischen Formen des Hunab K'u der Maya eindeutig erkennbar sind. Der heilige Eine wird durch einen Kreis und ein Quadrat dargestellt, denn diese beiden Formen symbolisieren Bewegung und Maß. Betrachten Sie zum besseren Verständnis Abbildung 2.5.

Es versteht sich von selbst, dass sich der allerhöchste Eine in der Geometrie sämtlicher Kalenderpyramiden und anderer heiliger Stätten manifestiert, in denen das höhere Wissen und die Geschichte unseres Kontinents bewahrt werden. Dies ist ein weiterer Ausdruck des Mayaglaubens, dass die Kalender die zyklischen Veränderungen Gottes deutlich machen. Überall im Dschungel von Yucatán und im Gebiet des heutigen Guatemala finden sich unglaublich viele uralte, heilige Städte und Tempel, hoch aufragende Stufenpyramiden, elegant entworfene Plätze und rituelle Zentren, geschmückt mit Statuen und voller hieroglyphischer Botschaften.

Was die peruanischen Inka angeht, gibt es im ganzen Land viele schöne Beispiele der heiligen Architektur, zum Beispiel in Ollantaytambo, sechzig Kilometer nordwestlich der Stadt Cuzco. Hier findet man die heilige Geometrie Hunab K'us in verschiedenen Tempeln und Verteidigungsanlagen, die von Kaiser Manco Inka zum Schutz vor den Angriffen der spanischen Eroberer gebaut wurden. Dieses Volk wusste, dass alles, was sich manifestiert, sei es belebt oder unbelebt, letztlich eine Projektion der Gott-Energie ist. Deshalb wandten sie das Konzept der universellen Geometrie in ihrer traditionellen Architektur an und benutzten den Kreis und das Quadrat, um ihre Überzeugung zu besiegeln, dass Gott Energie ist und dass Energie Gott ist.

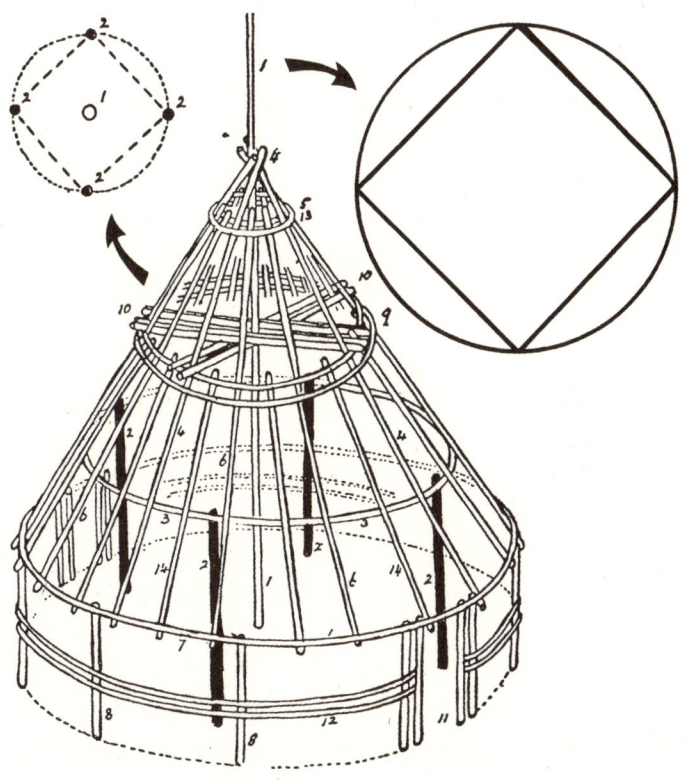

Abb. 2.5. Rekonstruktion der Grundstruktur dieses Haustyps, aus dem Buch *Costa Rica Precolumbina* (»Costa Rica in vorkolumbianischer Zeit«) von Luis Ferrero. Aus der Sicht der Eingeborenen ist diese Architekturzeichnung viel mehr als nur der Aufriss eines Hauses. Für die Maya begann das Begreifen des Heiligen, vor allem des Gottes Hunab K'u, den wir alle anbeten, mit der Bautätigkeit. Unser Gott ist in die Struktur unserer traditionellen Häuser integriert. Und in der wahren Mayakultur bitten wir deshalb immer, wenn die Nacht kommt, Hunab K'u darum, dass er unseren Körper und unseren Geist empfangen und uns im Schlaf behüten möge. Wir tun dies, weil wir wissen, dass er in unserem Haus bei uns ist – und wir wissen dies, weil das heilige Element architektonisch und geometrisch in den Bau unserer Häuser einbezogen wurde.

Die moderne Wissenschaft, etwa die Quantenphysik, versteht dieses Konzept ebenfalls, aber der Unterschied besteht darin, dass die Wissenschaft gerade erst damit begonnen hat, sich über diese Tatsache Gedanken zu machen, während die Maya und andere Eingeborenenvölker dies schon immer gewusst haben. Indem sie das Konzept Gottes mathematisch formulierten, synthetisierten die Maya und andere Völker dieser alten Tradition die universelle Geometrie. Sie wussten, dass außerhalb von Bewegung und Maß nichts existieren kann.

Drei

Kalenderformen in Mittelamerika

Liebe Leser, bitte stellen Sie sich einmal den Nachthimmel zur Zeit unserer Maya-Vorfahren vor, lange bevor die heute allgegenwärtigen, künstlichen Lichter unserer sogenannten zivilisierten, modernen Welt existierten. Nachts konnten die Maya-Adepten in die Tiefe des Universums spähen, und die Sterne waren so hell und nah, als seien sie ein Teil der Landschaft. Sie vereinigten sich mit dem Horizont, bis sie mit einem Aufblitzen unter der Horizontlinie verschwanden. Für die alten Maya war das Universum nicht nur ein intellektuelles Konzept oder eine leblose Abstraktion, sondern ein sinnliches Erlebnis. Die Himmelskörper bestimmten den Rhythmus des Lebens völlig, und die Zeit wurde direkt durch die allgegenwärtigen, sich stets wiederholenden und erneuernden Bewegungen von Sonne, Mond, Planeten und Sternen erlebt – als *Bewegung*, die die Essenz alles Seienden ist. Die Mayaweisen sagten, die Essenz der ganzen Schöpfung sei die Bewegung, was auch Veränderung und Schwingung bedeutet. Sollte die Schöpfung irgendwann einmal aufhören, ihre innewohnenden Positionen beziehungsweise Schwingungen zu verändern, dann würde diese Schöpfung aufhören zu existieren.

Die geschulten Himmelsbeobachter der Maya verbrachten Tausende von Jahren mit der akribischen Betrachtung des Himmelsdomes. Ihre Kalender waren das Ergebnis ihrer beharrlichen Aufzeichnungen der ständigen Bewegungen der Himmelskörper. Man kann sagen, dass dieses präzise, mathematische Wissen um die Planeten und ihre Zyklen die Grundlage ihrer spirituellen Kultur war, denn es hieß, dass sich der Pulsschlag Hunab K'us durch die Sprache der himmlischen Energien und ihrer entsprechenden mathematischen Kodes vermittelt. Genau wie andere mittelamerikanische Völker, die ähnliche Kalender entwickelten, kamen die Maya zu dem Schluss, dass sich alles in ständiger Bewegung befindet. Daraus folgerten sie, dass der Schlüssel zum mathematischen Verständnis aller Dinge der Kalender ist, denn die Zeit beherrscht alle Dinge. Deshalb entwickelten die mittelamerikanischen Völker verschiedene Kalender zu verschiedenen Zwecken. Und deshalb waren die Kalender in ihrem Leben auch so allgegenwärtig und traten in einer Vielzahl verschiedener Formen und Gestalten auf – nicht nur als große Monumente. Die Kalender waren mit dem Alltag und den Banalitäten des Lebens verknüpft. Nur in Mittelamerika war man so besessen davon, die zyklische Natur der Zeit zu beobachten, und nur hier gab es ein solches Überangebot an Kalendern (siehe Abbildung 3.1). Als die Spanier die meisten Kalender der uralten Vorfahren zerstörten, war dies ein schwerer Verlust für die gesamte Menschheit. Man braucht kaum eigens darauf hinzuweisen, dass die Europäer aus diesem Grund von

Abb. 3.1. Mittelamerika und seine Kalender. In unserer heutigen Zeit ist es sehr wichtig, dass jeder denkende Mensch die astronomischen Kalender der Maya verstehen lernt, denn sie beinhalten den Kode zum Verständnis des Pulsschlags von Hunab K'u. Auf dieser Grundlage können die Menschen ihre kosmische Unterweisung beginnen, und dadurch kann auf unserem Planeten das harmonische Gleichgewicht der natürlichen und kosmologischen Lebenszyklen wiederhergestellt werden. Hier sehen Sie die Namen von siebzehn Kalendern aus Mittelamerika, obwohl es zweifellos sehr viel mehr gab. Die restlichen sind für uns nun verloren. (Zeichnung aus Hugh Harleston jr.: *El Misterio de los Pirámides de México* – »Das Geheimnis der mexikanischen Pyramiden«.)

Drei – Kalenderformen in Mittelamerika 73

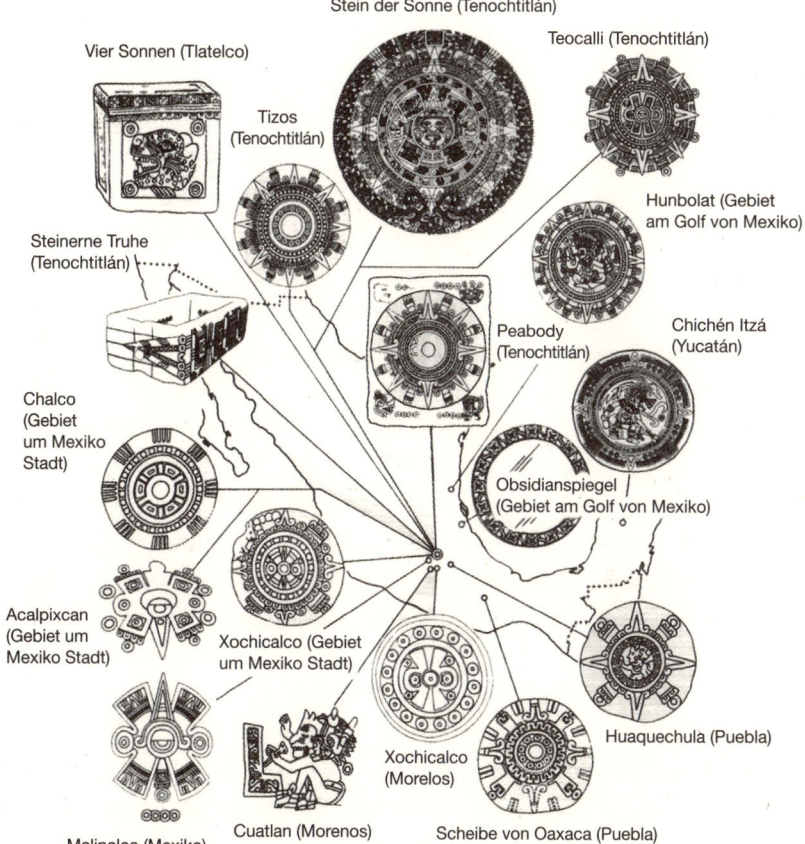

der mittelamerikanischen Weisheit nichts ahnten, geschweige denn sie verstanden.

Zum Glück gelang es den Spaniern nicht, das jahrtausendealte Wissen, das in den mittelamerikanischen Kalendern enthalten war, völlig zu zerstören. Heute hat die Menschheit die Möglichkeit, von den Kalendern zu lernen, die noch übrig geblieben sind – eine großartige Chance, denn das darin enthaltene kosmische Wissen kann die Menschheit wieder in die richtige Ausrichtung zu den natürlichen Rhythmen der Schöpfung bringen. Warum es so funktioniert? *Weil unser Verhältnis zur Natur untrennbar mit unserer Wahrnehmung der Zeit verknüpft ist.* Das unnatürliche Zeitmaß des gregorianischen Kalendersystems wurde von José Argüelles in *Time and the Technosphere* (»Zeit und die Technosphäre«) als »künstliche Zeit« bezeichnet, denn es läuft mit keinem einzigen natürlichen Zyklus synchron und dient lediglich dazu, die Menschheit zu entmachten, indem es ihre natürliche Verbindung zur Natur, zum Kosmos und zu Hunab K'u verdunkelt. Es ermöglicht einigen wenigen Interessengruppen, die große Mehrheit der Menschheit zu kontrollieren und sie in einen Abgrund physischer und spirituellen Zerstörung zu stoßen. All dies ist letzten Endes nichts anderes als eine gegen die Menschheit und gegen unsere Mutter Natur gerichtete Verschwörung.

Heute braucht die gesamte Menschheit das Wissen, das aus dem Kosmos kommt, denn wie man weiß, folgt die Ausbildungsmethode der modernen Zivilisation nicht den korrekten, vom universellen Schöpfer vorgegebenen Geboten. Sie steckt voller Widersprüche, die sie nicht einmal selbst begreift. Unsere heutige Zivilisation wird der Menschheit von einigen wenigen Manipulatoren aufgezwungen. Nur die Weisheit der neuen, kosmischen Zeit wird die Irrtümer korrigieren, die da begangen wurden, und nur die großen schöpferischen Kräfte des Kosmos und der Mutter Erde werden uns wieder von dem falschen Weg abbringen, den zu gehen die Menschheit gezwungen wurde. Nur Hunab K'u wird die Folgen von 2.000 Jahren der falschen Zielsetzungen und von Jahrtausenden der Dunkelheit beseitigen. Deshalb muss man die Mayakalender ganz neu bewerten. Erst wenn die sogenannte »Erste Welt« diese astronomischen Kalender und ihre Implikationen für die Menschheit begreift, wird sie den Status einer wahrhaft zivilisierten Kultur erreichen.

Der Tonal Machiotl oder Stein der Sonne

Wenn man die in Mittelamerika verwendeten Kalender erörtert, darf man auf keinen Fall vergessen, den Meisteringenieur Esteban Serieys zu erwähnen und ihm die Ehre zu erweisen, die ihm gebührt. Zeit seines Lebens unterrichtete Meister Serieys Menschen in den Prinzipien der Kalender und in ihrem Gebrauch. Wir hoffen von ganzem Herzen, dass Hunab K'u ihn nun in heiliger Herrlichkeit umfängt und dass er uns seine Weisheitsschwingung auch weiterhin aus dem großen Jenseits senden wird. Wir wollen uns nun aus dem reichen Schatz der wissenschaftlichen und philosophischen Betrachtungen bedienen, die er über den Aztekenkalender oder »Stein der Sonne« angestellt hat, den er mit seinem Nahuatl-Namen als Tonal Machiotl bezeichnete (siehe Abbildung 3.2). Viele berühmte Gelehrte und Historiker, sowohl aus Mexiko als auch aus anderen Ländern, haben ihre Energie der Erforschung dieses wunderbaren Baudenkmals mittelamerikanischer Kultur gewidmet, doch keinem von ihnen ist es gelungen, seine wahre Bedeutung zu entschlüsseln. Dennoch hat ihre Arbeit einige positive Ergebnisse erzielt, und zwar was die numerischen Symbole angeht, die teilweise entziffert werden konnten, so dass wir gewisse Schlüsse daraus ziehen können. Mit der freundlichen

76 Die heilige Kultur der Maya

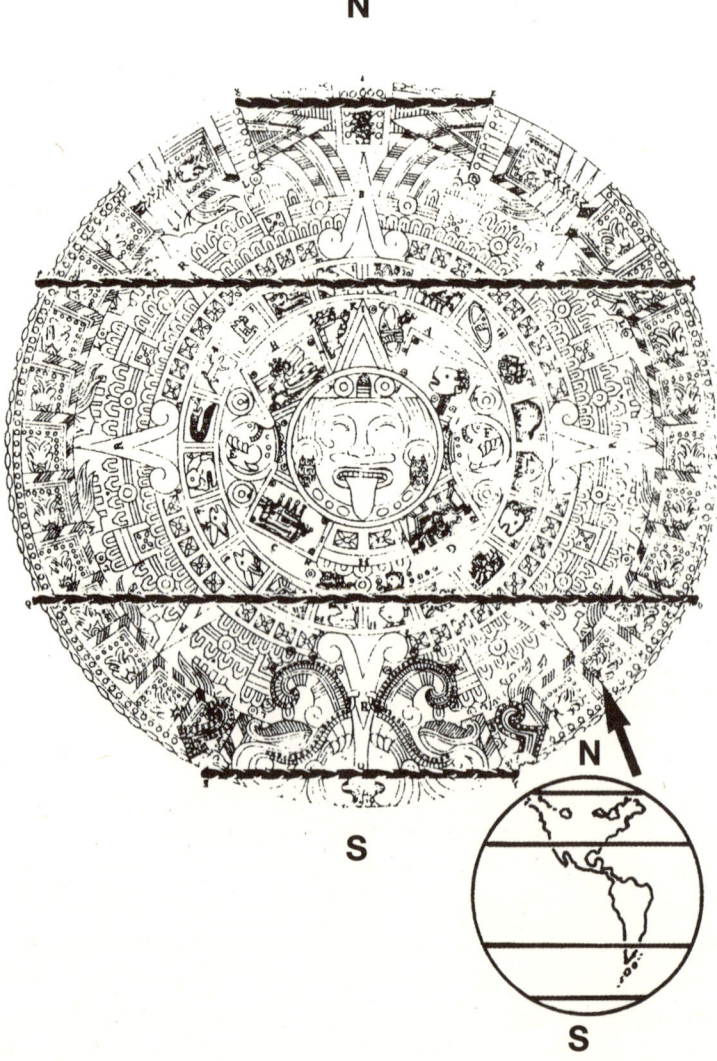

Genehmigung Meister Serieys füge ich hier einige Notizen ein, die ich machte, als ich seine Vorträge über den Tonal Machiotl besuchte.

Im Gegensatz zu den Aussagen mexikanischer und ausländischer Forscher wie Sahagun, Alaman, Seller und Herman Bayer ist dieser Stein *kein* eigentlicher Kalender (wie es die beiden Letzteren behaupten), aber er ist auch nicht einfach ein Stück Stein mit Gravierungen. Vielmehr ist er ein Baudenkmal voller Inschriften und chronologischer Informationen, das auf der ganzen Welt einzigartig ist – eine Synthese von Kulturen, die auf den Fachgebieten der Chronologie, Astronomie und Mathematik unglaublich fortgeschritten waren.

Die eben genannten Gelehrten haben sich nicht mit der gesamten schematischen Botschaft des Steines befasst, sondern lediglich mit dem zweiten Kreis. Darin hat man Hieroglyphen entdeckt, die mit sieben der zwanzig Tage korrespondieren, aus denen der aztekische Monat bestand. Sie sind in den rituellen Kalender eingemeißelt, der Tonalpohualli genannt wird und vor allem dazu diente, komplette planetarische Zyklen aufzuzeigen. Folglich ist der Zweck des zweiten Kreises identisch mit dem der planetarischen Umlauftabellen, die in den modernen Kosmogonien benutzt werden.

Abb. 3.2. Laut dem mexikanischen Astronom/Archäologen Antonio de León y Gama versahen die Nahua (beziehungsweise die Azteken) den Tonal Machiotl oder Stein der Sonne mit gewissen Linien, um die Bewegungen der Sonne zu bezeichnen. Die kleinere Skizze zeigt einige dieser Markierungen oder imaginären Linien, die auf die Erde übertragen wurden, um die Bewegungen der Sonne anzugeben. Sie sind eine Hilfe zum Verständnis der Sonnwenden und Tagundnachtgleichen. Beim Vergleich der beiden Zeichnungen fällt die große Ähnlichkeit ihres Aussehens und ihrer Verwendung auf. Der Unterschied besteht darin, dass die eine den Mikrokosmos und die andere den Makrokosmos der Welt darstellt.

Die Manipulationen, die die mittelamerikanischen Völker an den planetarisch-himmlischen Mustern vornahmen, waren keineswegs zufällig. Vielmehr beruhten sie auf akribischen Aufzeichnungen, die in Form einer chronologischen Sequenz transzendenter Ereignisse und Beobachtungen gemacht wurden. Diese bezogen sich stets auf die Vergangenheit der Menschheit auf diesem Planeten sowie auf den direkten Zusammenhang zwischen dem menschlichen Verhalten und den natürlichen Elementen der jeweiligen Umgebung, da beide denselben kosmischen Einflüssen unterliegen.

Der Bau dieses Monuments war das Ergebnis des großen astronomischen Kongresses von Tenochtitlán, der aufgrund günstiger kosmischer Bedingungen im (gregorianischen) Jahr 1479 in der mexikanischen Stadt Cholula im Bezirk Puebla stattfand. In den umliegenden Gebieten dieser geheiligten Stätte kann man immer noch Schrifttafeln bewundern, die die teilnehmenden Astronomen/Priester – unter anderem Zapoteken, Olmeken und Maya – aus ihren Heimatländern mitgebracht hatten und auf denen Zeiten und Orte vieler vergangener, festlicher Ereignisse eingemeißelt waren.

Unter der Oberaufsicht von Tlahtoani Atzayaclat begann man zunächst mit der Grundkonstruktion des Monolithen und danach mit der Errichtung des Steines selbst. Die Einweihungsfeier des Monuments fand zwei Jahre später statt, im (gregorianischen) Jahr 1481. Zu diesem Zeitpunkt wurde der Stein horizontal auf seinen Platz in die Mitte einer kreisförmigen Stätte gelegt, deren Umfang zwanzig Faden betrug.

Um die Weihe des Steins zu feiern, wurden folgende Gäste eingeladen: die *tecuhtli* (Würdenträger oder Herrscher) und befreundete Völker, darunter vor allem die Huexotzingo, Chololan, Tlazcala und Metztitlán, sowie die beliebten Repräsentanten der Gottheiten Quetzalcoatl, Tlaloc, Opochtli, Izpapalotl, Yohualahua, Apantecutli, Huitzilopochtli, Toci, Cihuacoatl, Izquitecatl, Yenopilli, Mixcoatl und Tepuztecatl, die zusammen 13 waren – eine heilige Zahl, die auch chronologische Bedeutung besitzt.

Dieser Stein ist ein Wunder, nicht nur aufgrund seiner großartig gemeißelten Reliefs, sondern auch aufgrund seiner Größe. Er wiegt zweiundzwanzig Tonnen und misst 3,70 mal 3,90 Meter, weshalb es enorm schwierig gewesen sein muss, ihn mit den damaligen Transportmitteln zu bewegen. Eigenartig ist, dass der Durchmesser des Reliefs 3,57 Meter beträgt – und diese Zahl, multipliziert mit 88 (die Anzahl der Tage, die der Merkur für einen vollen Umlauf um die Sonne braucht) ergibt 314,16 – eine Zahl, die wiederum, wenn man sie durch 100 teilt, die transzendentale Zahl 3,1416 ergibt, die wir, wie jeder weiß, als Pi bezeichnen. Ebenso wie viele andere Zahlen, die sich aus verschiedenen Kombinationen der Symbole und ihrer Positionen ergeben, beweist dieses Ergebnis das hohe Niveau der Wissenschaft und Mathematik, die dem Entwurf zugrunde lagen – eine für diese Epoche außergewöhnlich hohe technologische Stufe.

Der Name Cuauhxicalli, unter dem der Stein offiziell bei der INAH (*Instituto Nacional de Antropología e Historia* – Nationalinstitut für Anthropologie und Geschichte) gelistet ist, wurde ihm von dem jesuitischen Gelehrten Juan Eusebio Nieremberg (1595–1658) verliehen. Dieser beschrieb die achtundsiebzig Gebäude am großen Platz von Tenochtitlán sowie ihre genauen Standorte in einem Buch, das er über dieses Thema schrieb. [Interessant ist, dass Nierembergs Werk angeblich die Eingeborenennamen für alles darin Beschriebene enthielt, da es auf den Berichten spanischer Missionare beruhte, und dass man es deshalb als eine Art Wörterbuch-Ersatz für die Nahuatl- und die Quechua-Sprache benutzte.] Nieremberg beschrieb das achte Gebäude als ein Haus und nannte es Cuauhxicalco. Willkürlich und ohne irgendwelche Experten zu konsultieren, bestimmte er dann, dass unser Stein sich dort befunden hatte, und so kam er auch auf die Zahl, die er dem Standort zuwies. Uns erscheint dies absurd, denn die Nahuatl-Übersetzung des Namens für den Stein lautet *cuauhtli* – »Adler« und *xicalli* – »Gefäß«, woraus sich die Bedeutung »Gefäß des Adlers« ergibt: das Gefäß, in dem das Blut der Geopferten aufgefangen wurde – jedenfalls den Berichten verschiedener Mönche zufolge, die sich für Historiker und Chronisten der mittelamerikanischen Kultur hielten. All dies widerspricht jedoch der wahren, wissenschaftlichen Bedeutung dieses Baudenkmals.

Der Stein wurde horizontal an einem für seine wahre Verwendung optimalen kosmisch-geografischen Ort positioniert und dort bis zum Jahr 1521 benutzt. Dann befahlen die Eroberer die systematische Zerstörung von ganz Tenochtitlán. Sie gingen so weit, dass kein Stein auf einem anderen Stein stehen bleiben durfte. Die Folge war die allumfassende Vernichtung sämtlicher Häuser, Tempel, Paläste, Monolithe und Pyramiden sowie der riesigen Bibliothek der Kodizes, die das über viele Zeitalter angesammelte Wissen der Maya enthielt.

1790 wurden die Überreste des Steins geborgen und studiert. Von den 500 Jahren, die dieser Stein oder dieser aztekische Kalender existiert, befand er sich ungefähr 269 Jahre lang unter der Erde, wodurch er viele Wirren des Schicksals überlebte. Deshalb wird er manchmal auch Piedra Milagro genannt, der »Wunderstein«, denn er wurde nicht zerstört wie so viele andere. Genau wie der Coyolxauhqui blieb er unter der Erde, und weder die Eroberer wussten davon noch die Krieger in ihrem Dienst, denen es großen Spaß machte, die gewaltige Metropole Stein für Stein zu zerstören. Wie ist es nur möglich, dass sie ihn nicht entdeckten?

Nur der geschätzte mexikanische Astronom und Archäologe Don Antonio de León y Gama (1735–1802) wurde persönlich in die Geheimnisse des Steins eingeweiht. Er arbeitete intensiv mit dem Stein, verglich die darauf enthaltenen Informationen mit dem christlichen Kalender und berichtete getreulich über sein Wissen. Er hinterließ uns sein Werk – eine Gegenüberstellung des Kalenders auf dem Stein mit dem christlichen Kalender, unter Verwendung der hieroglyphischen Zahlen der Nahua, und außerdem eine Anweisung zum geometrischen und chronologischen Gebrauch der acht Punkte (ahujeros), von denen man Linien zog, um die Sonnwenden und Tagundnachtgleichen zu bestimmen, sowie die Erläuterung der Komponenten, die es ermöglichen, den Stein als Sonnenuhr zu benutzen. Noch wichtiger ist jedoch, dass Don Antonio dem Stein einen Namen gab, den die Welt heute noch kennt: Aztekenkalender.

Warum wurde der Stein offiziell Cuauhxicalli genannt? Und warum bezeichnete man ihn später als Aztekenkalender? Wie lautete sein wahrer, ursprünglicher Name, und wo sollte man ihn platzieren, um seine optimale Nutzung zu gewährleisten?

Man sollte eine Kopie dieses Baudenkmals anfertigen und im Freien aufstellen, unter Glas, und zwar genau an derselben Stelle auf dem *zócalo* (Hauptplatz), wo sein ursprünglicher Standort war, damit der Stein bekannt wird und bewundert werden kann und damit alle Besucher dieser Stadt ihn benutzen können – und außerdem, um einem Baudenkmal Gerechtigkeit widerfahren zu lassen, das eine Synthese aller wissenschaftlichen Errungenschaften der mittelamerikanischen Völker darstellt und dessen spiralförmige Chronologien Anwendungsmöglichkeiten bergen, die auch im heutigen Alltag noch relevant sind. Und man sollte ihm offiziell seinen Nahuatl-Namen zurückgeben, da dieser seine Funktion genau beschreibt, denn er kombiniert die Worte *tonal* – »Sonnen« und *machiotl* – »Diagramm«, woraus sich der Name Tonal Machiotl ergibt: »Das Diagramm der Sonnen, die waren und sein werden«.

Kalenderpyramiden: Kukulcán, die Nischen von El Tajín und Quetzalcoatl

Im Tempel des Kukulcán, im Nischentempel von El Tajín, im Tempel des Quetzalcoatl und in anderen Pyramiden in ganz Mittelamerika kann jeder die Weisheit, die die Menschheit heute braucht, persönlich in seinem Innersten erleben und direkt anzapfen. Diese heiligen Stätten können die Bewusstseinsstufe eines Individuums erhöhen, und zwar einfach deshalb, weil solche Stätten in einer höher dimensionierten Frequenz schwingen. Diese heiligen Stätten sind das Erbe der Menschheit, und es ist unsere Pflicht, sie aufzusuchen, genau wie die alten Maya es taten. Sie enthalten ein tiefes Einweihungswissen, das uns helfen wird, die Wirklichkeit dieser dritten Dimension zu begreifen, in der wir leben. Wer eine solche Stätte besucht, der öffnet automatisch sein Nervensystem, um die Informationen zu empfangen, die dort eingelagert wurden. Insofern verhält sich eine Pyramide so, als sei sie Ihr Lehrer, denn sie hilft Ihnen dabei, Ihr Bewusstsein für höhere Schwingungen empfänglich zu machen.

Kukulcán

Die Pyramiden Mittelamerikas sind im Prinzip riesige astronomische Computer und repräsentieren die heilige Geometrie, auf der die Mayakalender beruhen. Der Tempel des Kukulcán, jenes märchenhafte pyramidale Bauwerk in Chichén Itzá auf Yucatán, entstand vor mindestens 2.500 Jahren. Jedes Jahr zur Frühlings- und Herbsttagundnachtgleiche besuchen Zehntausende von Menschen diese heilige Stätte, deren Technologie heute noch genauso gut funktioniert wie zu der Zeit, als die Maya sie bauten.

Für das Mayavolk ist das magische Erscheinen Kukulcáns auf der Seite der Pyramide ein bedeutungsvolles, kulturelles Ereignis. Es findet am 21. März und am 21. September jeden Jahres statt, wenn die Sonne eine bestimmte Höhe erreicht hat. Genau zu diesem Zeitpunkt werfen die Stufen auf einer der Pyramidenseiten dreieckige Schatten, die sich, einer nach dem anderen, von der Spitze bis zur Basis der Pyramide miteinander verbinden. Am Fuß der Treppe ist ein Schlangenkopf eingemeißelt. Sobald sich gegen 5 Uhr am Nachmittag der Tagundnachtgleiche das siebte Schattendreieck mit den anderen verbindet, verbindet sich auch dieser Schlangenkopf mit den sieben Dreiecken, die sich dadurch in einen Schlangenkörper verwandeln, der bis zur Spitze der Pyramide hinaufreicht (siehe Abbildung 3.3 c). In diesem Augenblick kann man den magischen Geist dieses Pyramidenkalenders aus erster Hand erleben. Es ist ein ganz besonderer Moment und wird von den Tausenden, die eigens gekommen sind, um dieses Phänomen mitzuerleben, stürmisch gefeiert. Auch Sie werden einen Schub elektrischer Energie spüren, die von der Basis Ihrer Wirbelsäule bis ganz nach oben steigt, wenn Sie erleben, dass die kosmische Schlange des Lichts vom Himmel herabgestiegen und sich mit Ihrem eigenen Körper verbunden hat.

Dieses Ereignis verdeutlicht, wie tief die Mayaweisen die Verbindung zwischen Mathematik und Kosmos begriffen hatten. Sie wussten, dass die Tagundnachtgleichen auftreten, wenn die Sonne in ihrer zentralen Position beziehungsweise auf ihrem Äquator von der südlichen Hemisphäre der Erde zur Nordhalbkugel wechselt und umgekehrt. Doch die Maya haben nicht nur dieses Datum in ihre Pyramiden eingebaut, sondern auch die Umdrehungen, Bahnen und sonstigen Bewegungen von Planeten wie Mars, Jupiter, Venus und so weiter. Es sind tatsächlich echte, meisterhaft gebaute, kosmische Kalenderuhren.

Die kalendarische Information der Kukulcán-Pyramide zeigt sich in ihren einundneunzig Stufen, die die vier Jahreszeiten bezeichnen (siehe Abbildung 3.4). Weil diese Pyramide vier Seiten hat, 4 x 91 = 364, kommen wir auf insgesamt 364 Intervalle beziehungsweise Tage. Somit ist jede Seite der Pyramide ein Indikator für jede Jahreszeit: 91 Frühlingstage, 91 Sommertage, 91 Herbsttage und 91 Wintertage. In die Pyramide des Kukulcán sind aber noch weitere Mayakalender integriert, darunter Tun Uc, Haab, Tzolk'in und Tunben K'ak', über die wir ausführlicher im sechsten und siebten Kapitel sprechen

84 Die heilige Kultur der Maya

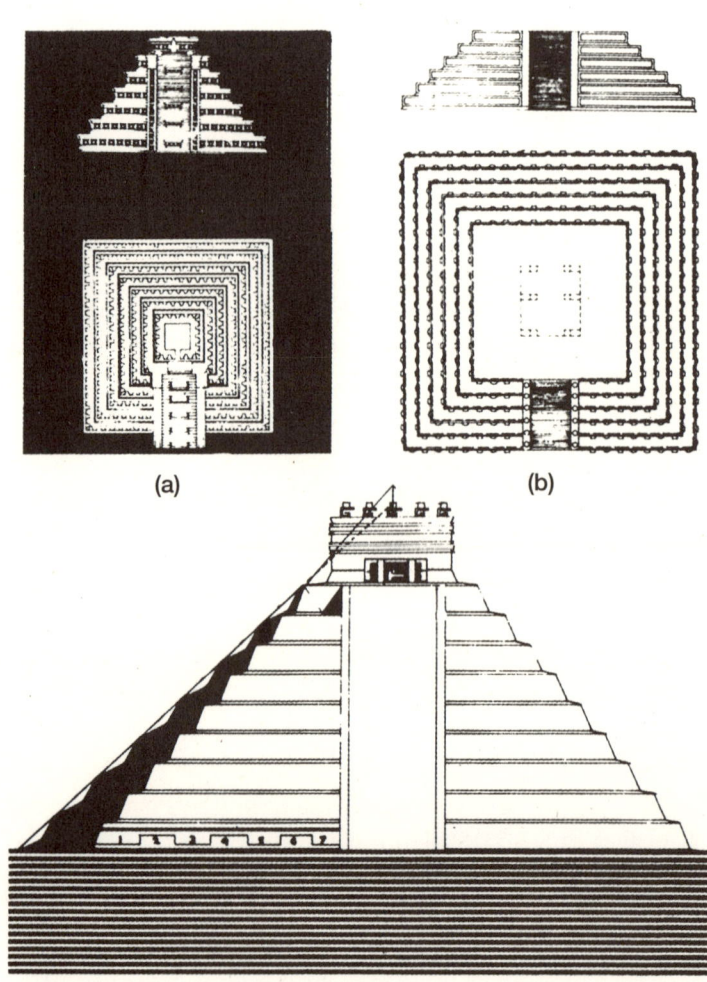

werden, und wahrscheinlich noch andere Kalender, die wir verloren haben. Sie ist ein Beispiel für die Synchronisierung aller Mayakalender miteinander.

Die Nischen von El Tajín
Der Pyramidentempel der Nischen in El Tajín in Mexiko wurde von einem unbekannten Volk errichtet. Dort, in der heiligen Stadt El Tajín, betete man Huracán an, den Gott der stürmischen Winde. Dieser jahrtausendealte, heilige Tempel ist eine wichtige religiöse Stätte, die eine der letzten großen Flutkatastrophen vor etwa 12.000 Jahren überlebte – ein Baudenkmal von edlen Proportionen, erschaffen durch die praktische Anwendung eines tiefen Wissens, in dessen Architektur Kalender integriert wurden (siehe Abbildung 3.3 a). Es ist wichtig, auf gewisse Besonderheiten

Abb. 3.3. (a) Der pyramidale Nischentempel von El Tajín in Veracruz. Die Nischen dieser ersten mittelamerikanischen Pyramide sind kosmische Kalendermarkierungen. Man weiß immer noch nicht genau, welches Volk diese Pyramide gebaut hat und welchen Namen sie ursprünglich trug. Unsere wahre indigene Kultur ist in die Steine dieser uralten Tempelanlage eingraviert. (b) Der pyramidale Tempel des Quetzalcoatl in Mexiko. Die Götter erschienen an diesem Ort, die Weisen und die Meister lebten viele Jahrtausende lang an diesem Tempel und beteten zu Vater Sonne und Mutter Erde. Die tiefere Bedeutung Quetzalcoatls – jemand, der alle Aspekte seines Bewusstseins voll entwickelt hat – wird durch die meisterhafte Beherrschung von Religion, Philosophie, Mathematik, Astronomie und der anderen Wissenschaften der uralten Völker Mittelamerikas erlangt. (c) Tempel des Kukulcán, Yucatán: der Tempel der sieben Dreiecke. Die große Mehrheit der Menschheit versteht seine Symbolik nicht. Jedes Jahr am Abend der Frühlings- und Herbsttagundnachtgleichen kann man die sieben Dreiecke sehen, die die Tagundnachtgleichen markieren – ein Zeitpunkt, von dem wir sagen, dass sich die Sonne im Zentrum der Erde befindet (auch Äquator genannt). Von einem anderen Blickwinkel aus betrachtet – sagen wir, von einem esoterischen Standpunkt aus – sind diese sieben Dreiecke mit den sieben Chakras verbunden.

seiner Architektur hinzuweisen, weil es in ganz Mittelamerika nichts Vergleichbares gibt.

In den Nischen dieser Pyramide ist mittelamerikanische Kalenderweisheit enthalten. Auf der Haupttreppe sieht man vier Gruppen von je drei Nischen, die an Altäre erinnern, sowie eine zentrale Nische darüber, was insgesamt dreizehn Nischen ergibt und sich durch die Gleichung $4 \times 3 = 12 + 1 = 13$ ausdrücken lässt (die Bedeutung der Zahl 13 für die Maya werden wir im nächsten Kapitel erörtern). Die Pyramide besteht aus sechs Ebenen. Die erste hat zwei Nischen, die zweite hat vier, die dritte hat acht, die vierte hat zehn, die fünfte hat zwölf und die sechste hat sechzehn. Die Vorderseite dieser Pyramide hat insgesamt zweiundfünfzig Nischen, und diese Zahl korrespondiert mit dem 52-jährigen Kalender Tunben K'ak' (dem »neuen Feuer« beziehungsweise dem Plejadenkalender, über den wir später in diesem Buch noch ausführlicher sprechen werden). Wenn wir zu dieser Menge die Zahl 13 hinzuzählen, dann ist das Ergebnis $52 + 13 = 65$. Diese neue Zahl ist ein Viertel des 260-tägigen, heiligen Tzolk'in Kalenders der Maya.

Abb. 3.4. Diese Illustration zeigt die Pyramide des Kukulcán in Chichén Itzá, Yucatán, Mexiko. Auf dem rechteckigen Teil ganz oben werden die 20 Tage des Mayamonats im Haab, dem Sonnenkalender, angezeigt. Der obere Teil der Pyramide veranschaulicht, wie die Maya die Tage und Monate zählten. Außerdem kann man an den Seiten der Pyramide die 18 Monate des Mayajahres sehen und im unteren Teil die 26 Markierungen auf der linken und rechten Seite. In der Mitte hat die Pyramide 91 Stufen oder Ebenen, was den Jahreszeiten entspricht. Bestimmt haben die Maya viele ihrer Kalender hier entwickelt. Einige weitere Beispiele:
$18 \times 20 = 360$ Tage im Haab Kalender.
$26 + 26 = 52$ Jahre im Tunben K'ak' Kalender.
$91 \times 4 = 364$ Tage im lunaren Tun Uc Kalender.

Drei – Kalenderformen in Mittelamerika 87

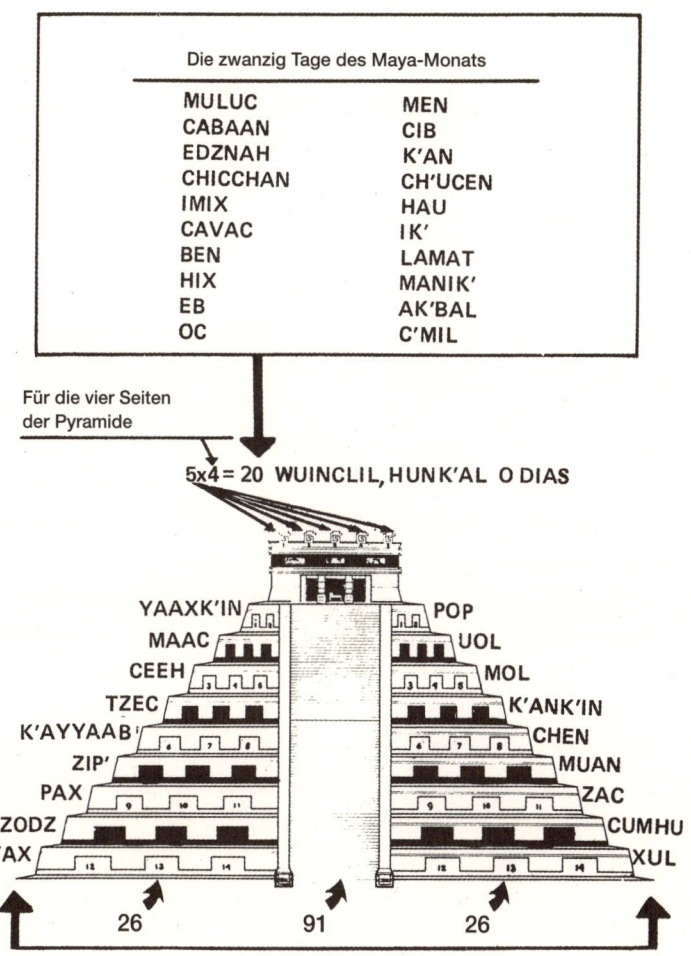

Quetzalcoatl

Im heiligen pyramidalen Tempel Quetzalcoatls wurde Vater Sonne als Träger des Lebens angebetet (siehe Abb. 3.3 b). Wie ich in meinem Buch *Das geheime Wissen der Maya* beschrieben habe, handelt es sich bei dem geheimen beziehungsweise inneren Wissen Quetzalcoatls (oder Kukulcáns in der Mayasprache) keineswegs nur um eine Beschreibung der sieben psychospirituellen Kräfte, die unseren Körper beherrschen.

Vielmehr kann der Wissende diese auch bewusst einsetzen, wenn er ihre innige Beziehung zu den Naturgesetzen und den Gesetzen des Kosmos begreift. Es gab in Mittelamerika solche Meister, deshalb wurde dieser Tempel im mexikanischen Teotihuacán auch so verehrt. Die Übersetzung des Wortes *Teotihuacán* beweist den Maya-Einfluss an dieser heiligen Stätte: *teo* bedeutet »Gott«, *ti* bedeutet »Ort«, *hua* bedeutet »erscheinen« und *can* »Weisheit«. Folglich lautet die Übersetzung des Namens für diesen Tempel: »Der Ort, an dem Gottes Weisheit erscheint«. Im Laufe vieler Jahrhunderte fanden hier unzählige Zeremonien statt.

Wie in andere Pyramiden wurde auch in den Tempel des Quetzalcoatl Kalenderwissen in die Pyramidenstruktur eingebaut. Auf der Hauptseite können wir sechsundsechzig Markierungen erkennen, dazu zwölf andere an den Seiten der Stufen. Auf der Südseite befinden sich sechsundneunzig Markierungen, weitere sechsundneunzig auf der Ostseite und weitere sechsundneunzig auf der Nordseite. Es handelt sich also um die Gleichung $66 + 12 + 96 + 96 + 96 = 366$, eine Zahl, die Tage, Jahre oder Intervalle bezeichnen kann.

Astronomische Beobachtungen in Chichén Itzá

In moderner Zeit wurden in der astronomischen Wissenschaft viele Forschritte erzielt, und es gibt in vielen Ländern große astronomische Zentren, von denen aus man weit entfernte Himmelskörper beobachtet. Leider ist diese Wissenschaft der Öffentlichkeit jedoch weitgehend unzugänglich, weshalb der größte Teil der Menschheit kaum etwas über Astronomie und überhaupt nichts über unser kosmisches, spirituelles Erbe weiß.

In den Tagen der alten Maya war das einfache Volk wesentlich besser über die Natur des Kosmos unterrichtet, denn die Wissenschaft der Astronomie war, genau wie die Kalender, in die Grundstruktur des Alltagslebens integriert. Für die Maya war Astronomie untrennbar mit Astrologie verbunden und keineswegs von ihr getrennt, wie es heute so häufig der Fall ist. Zusammen dienten diese beiden Wissenschaften den Maya als integraler Bestandteil ihrer Politik, Religion, Landwirtschaft und Architektur, ihrer Rituale, ihrer Kalender und letzten Endes der gesamten Sozialordnung dieser Zivilisation. Das zeigt sich in ihren Manuskripten oder Kodizes, in ihren steinernen Inschriften, die man in allen zeremoniellen Zentren sehen kann, und in der Steinstruktur der Tempel selbst – denn wie wir in diesem Kapitel bereits erwähnten, bezogen sich die einzelnen architektonischen Elemente auf gewisse himmlische Phänomene, die für die Kalender von Bedeutung waren.

Auf Abbildung 3.5 sieht man das astronomische Observatorium, das die uralten Itzae in Chichén Itzá bauten, einem Bildungszentrum der Maya. (Die Spanier nennen es El Caracol, die Schnecke, weil es eine Wendeltreppe besitzt, die an ein Schneckenhaus erinnert.) Die alten Völker besaßen eine sehr praktische Technologie zur Beobachtung des Kosmos, und ihre Apparaturen waren einfach und funktional. Als Basis dieses Tempels baute man verschiedene quadratische Ebenen, doch

90   Die heilige Kultur der Maya

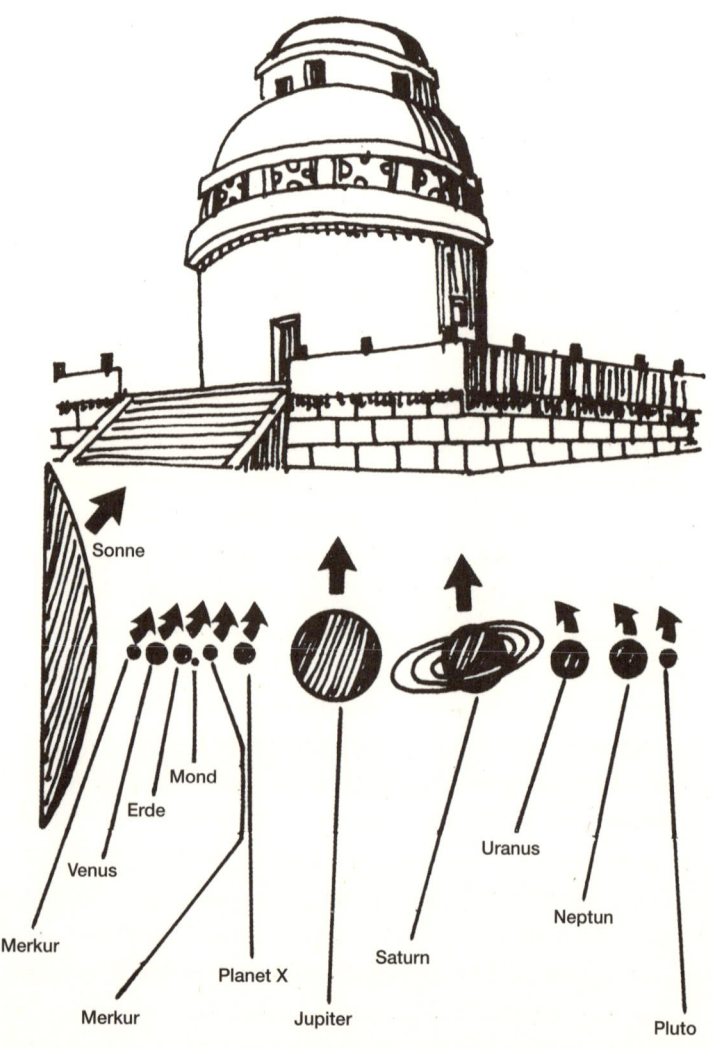

Abb. 3.5. Das astronomische Observatorium von Chichén Itzá auf Yucatán, Mexiko. Hier beobachteten die Chilam Balam und die Hauk'in die Himmelskörper und zeichneten ihre Bewegungen mathematisch in ihren Kodizes auf. Sie benutzten diese Informationen auch, um ihre astronomischen Kalender zu entwickeln.

der obere Teil hat die Form eines Kreises, um die Beobachtung des Kosmos zu vereinfachen. Den obersten Teil könnte man als Halbkugel bezeichnen. Er besitzt einige kleine Fenster, die als Observatorium zur Beobachtung von Planeten und anderer Himmelskörper dienten und auch zur Beobachtung der Tagundnachtgleichen und Sonnwenden – die Zeitpunkte, an denen unser Vater Sonne in all seiner kosmischen Großartigkeit auf- und absteigt, begleitet von sämtlichen Bewegungen, zu denen der Schöpfer des Lebens fähig ist. Nachts kann man von hier aus den Himmel voller Sterne sehen und genau wie einst die Maya-Astronomen Himmelskörper wie Yaax Ek' (Jupiter), Chac Ek' (Mars), Xux Ek' (Merkur), Ain Ek' (Saturn), Zak Ek' (Venus), K'in (unsere Sonne) und Xaman Ek' (den Polarstern) beobachteten. Wie bereits erwähnt, lauteten die Namen des Mondes in der Mayasprache U, Uh und Uc, und alle diese Worte werden durch die Zahl 7 symbolisiert. Deshalb verbanden die Maya den Mond mit den Plejaden, ein Thema, das wir im nächsten Kapitel eingehender untersuchen werden.

Die Chilam Balam, in diesem Fall der Priester oder heilige Prophet, und der Hauk'in oder Meisterlehrer, zeichneten für diesen Ort der Wissenschaft verantwortlich. In den Lernzentren, in denen die Öffentlichkeit unterwiesen wurde, machte man von all ihren Beobachtungen Gebrauch. Das Mayavolk erfuhr also die Geheimnisse, die die Wissenschaftler entdeckten und die dann schriftlich festgehalten wurden – auf den Mayakodizes und auch in den Chroniken der Menschheitsgeschichte, die zu besonderen Anlässen öffentlich vorgelesen wurden. Außerdem beobachteten die Chilam Balam und alle Menschen, die sich in den zeremoniellen Zentren versammelten, jedes Jahr die Tagundnachtgleichen und Sonnwenden. Dies erinnert uns an die großen Maya-Rituale, die immer dann stattfanden, wenn bestimmte planetarische Phänomene wie zum Beispiel eine Eklipse auftraten. Wie wundervoll muss es gewesen sein, liebe

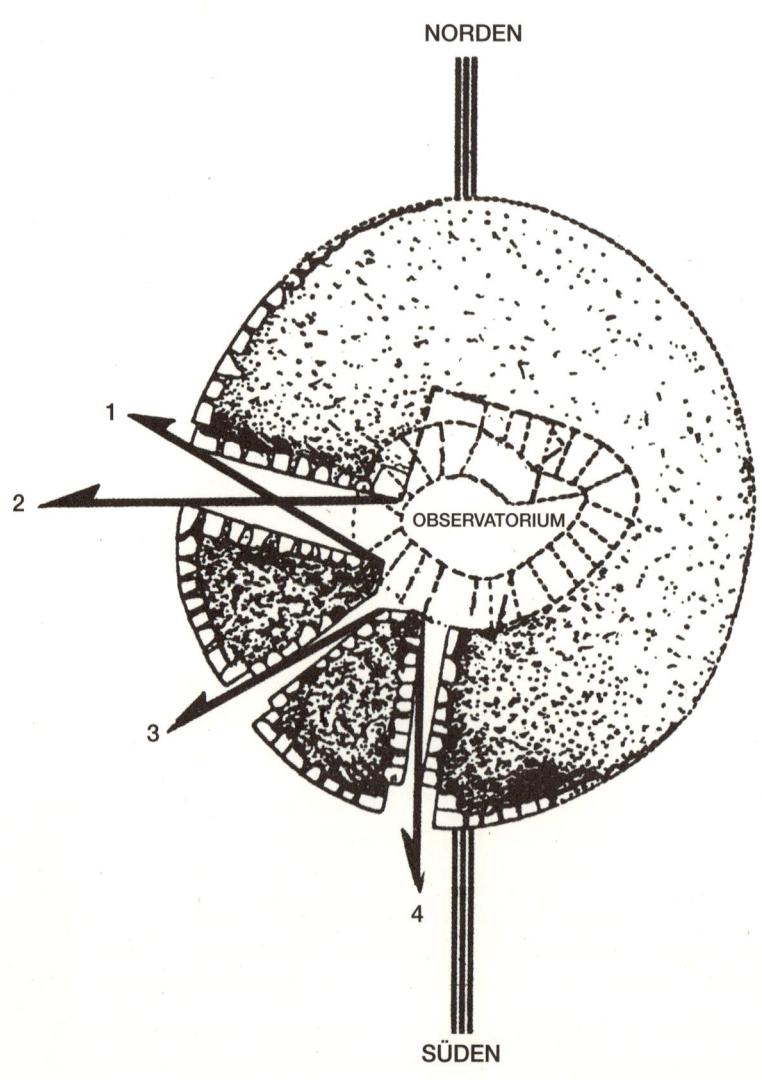

Leser, in den Tempeln gemeinsam mit den großen Maya-Sehern an solchen Ritualen teilzunehmen!

Wie großartig die Architektur dieses Tempels war, von dem aus die Itzae die Himmelskuppel beobachteten, sieht man auf Abbildung 3.5. Zu unserem Sonnensystem gehört ein Asteroidengürtel, und dieser besteht laut der Wissenschaftler aus den Überresten eines Planeten, der einst explodierte. Man nennt ihn heute Planet X oder Nibiru, und er ist auf der Zeichnung zu sehen. Wie der Gelehrte Hugh Harleston jr. berichtet, war allgemein bekannt, dass alte Völker wie die Teotihuacanos in ihrer heiligen Stadt Teotihuacán diesen Planeten verzeichneten.

Das große Götzenbild von Tiwanak'u, Bolivien

Überall auf dem amerikanischen Kontinent finden sich verschiedene Formen des mittelamerikanischen Kalenders. Ein Beispiel ist der sogenannte große Götze von Tiwanak'u. Eigentlich ist er das monolithische Abbild eines Priesters der Pachamama (wörtlich »Erdenmutter«). Eurozentrische Archäologen nennen ihn auch den Bennett-Monolithen, nach Wendell Bennett, dem Archäologen, der ihn 1932 im Ruinenkomplex Tiwanak'u auf

Abb. 3.6. Horizontaler Querschnitt der Kuppel des Observatoriums von Chichén Itzá auf Yucatán, auch El Caracol (die Schnecke) genannt (Zeichnung nach Sylvanus Morley).
1. Zeigt die Position des Mondes in seiner maximalen nördlichen Deklination am 21. März.
2. Westlicher Punkt des Sonnenuntergangs am 21. März eines jeden Jahres – der Frühlingstagundnachtgleiche.
3. Zeigt die Position des Mondes in seiner maximalen südlichen Deklination am 21. Dezember.
4. Geografischer Süden.

94 Die heilige Kultur der Maya

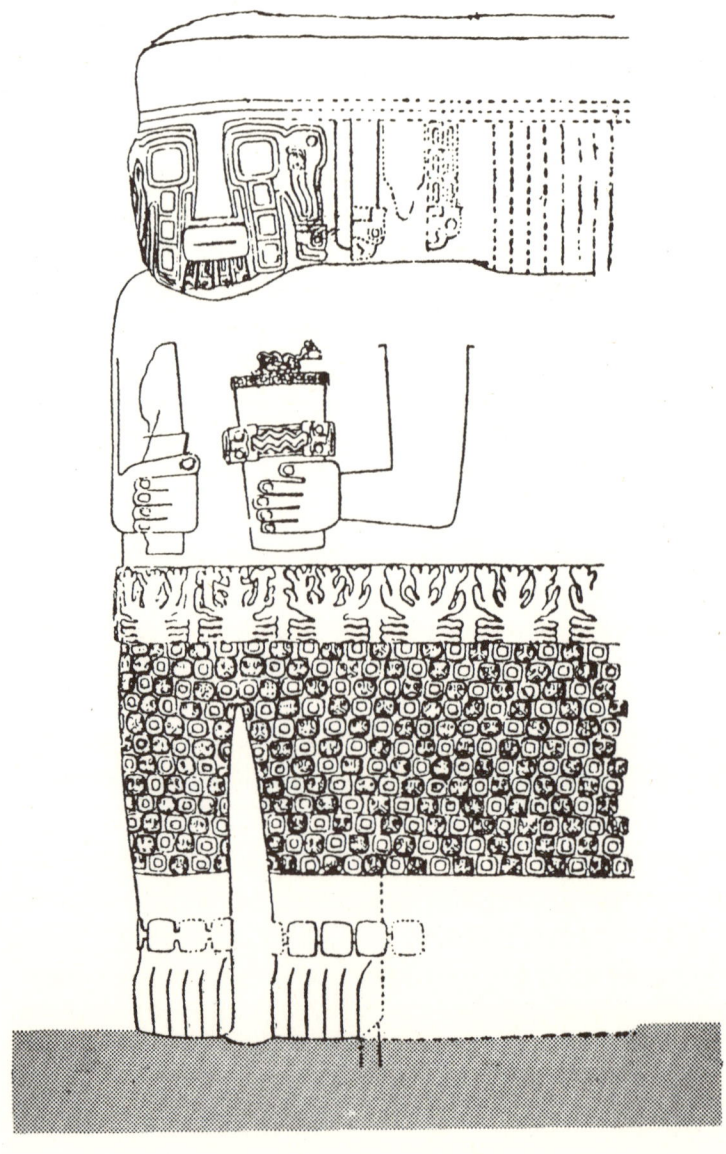

Abb. 3.7. Der Monolith von Tiwanak'u. Auf der Figur sind verschiedene Kalendersymbole dargestellt. (Zeichnung von Posnansky)

der bolivianischen Hochebene ausgrub. Dieser Monolith ist 7,30 Meter lang und 1,30 Meter breit und mit komplexen Gravuren bedeckt, wobei die Ikonographie dieselbe ist wie am Sonnentor, das sich an derselben Ausgrabungsstätte befindet und sogar die gleichen Kalenderinschriften aufweist. Man muss diese Statue gründlich studieren, so wie der ursprünglich australische Marineingenieur, Geomorphologe und spätere bolivianische Staatsbürger Arthur Posnansky. Er besuchte die uralte Stätte schon während der Ausgrabung und wurde davon so besessen, dass er sich später selbst »Apostel von Tiwanak'u« nannte. Er beschrieb, wie er sich in den Schlamm wühlte, um direkt unter dem Monolith zu liegen, der damals gerade ausgegraben wurde, und wie er, eine Kerze in der Hand, mit seinen Fingernägeln den Schlamm von der Rückseite entfernte und die ineinander verschlungenen Gravuren bewunderte, die da zum Vorschein kamen. Posnansky war dafür verantwortlich, dass die Statue von Tiwanak'u in die bolivianische Hauptstadt La Paz transportiert wurde. 2002 hat man sie den Eingeborenen von Tiwanak'u zurückgegeben.

Posnansky schrieb: »Der Götze von Tiwanak'u hält in seiner linken Hand etwas, das wie ein Gefäß (*keru*) aussieht und vielleicht ein Stundenglas (*clepsidra*) ist. In seinem Gürtel erscheinen eine Reihe von Langusten, die vielleicht mit dem Krebs synonym sind und somit das Tierkreiszeichen Krebs bedeuten« (siehe Abb. 3.7).

Wir wollen Posnanskys letzten Vergleich analysieren. Bedenken wir dabei aber, dass die europäische Astrologie in der griechischen Mythologie wurzelt, und dazu muss erwähnt werden, dass die alten Griechen ihr astrologisches und astronomisches Wissen sowie einen Großteil ihrer sonstigen Kultur von den alten Ägyptern bezogen. Wenn wir zum Beispiel die Gestalt der großen ägyptischen Sphinx betrachten, stellen wir fest, dass ihr Körper einem Löwen (Sternbild Löwe) ähnelt. Daraus können wir folgern, dass die Darstellung der Langusten im Gürtel des

Monolithen von Tiwanak'u tatsächlich das Sternbild Krebs symbolisieren.

Kehren wir wieder in die Gegenwart zurück. Wir haben die astrologischen Zeitalter von Löwe, Krebs, Zwillinge, Stier, Widder und Fische durchlaufen und sind nun beim Wassermann angekommen. Alle diese Zyklen oder Zeitalter entsprechen laut der ursprünglich ägyptisch-griechischen und heute europäischen Astrologie etwa 2.000 Jahren. Die Summe von 2.000 x 6 = 12.000 Jahre, plus 55 Jahre ergibt 12.055 Jahre.

Dick Edgar Ibarra Grasso schreibt in seinem Buch *Ciencia en Tiwanak'u en el Incaico* (»Inka-Wissenschaft in Tiwanak'u«): »Die einzig wichtige Einzelheit im Gesicht und im Haar des Götzen sind die Zöpfe, die in Abschnitte von jeweils 20 gegliedert sind.« Wir erinnern uns, dass die Zahl 20, die Zahl des Maßes, auf die wir im nächsten Kapitel näher eingehen werden, in allen mittelamerikanischen Kalendern vorkommt, von Alaska bis Patagonien – und das bedeutet: vom Nordpol bis zum Südpol.

Man kann auf dem Monolith von Tiwanak'u noch weitere Symbole erkennen – zum Beispiel weist der Rock 182 Doppelkreise auf. Wenn wir die Summe sämtlicher in diesen 182 Doppelkreisen vorhandenen Kreisen errechnen, dann erhalten wir 182 + 182 = 364, und die Zahl 364 bezeichnet Tage oder Intervalle. Laut Posnansky benutzte das Aymara-Volk, das in Bolivien lebte und dieses rituelle Zentrum erbaute, den Mondkalender. Wenn wir 13 (die Anzahl der Mondzyklen pro Jahr) mit 28 multiplizieren (die Dauer eines Mondzyklus), dann erhalten wir 364. Dieses Maß wurde auch von den Tiwanakotas oder Aymara benutzt: 182 + 182 = 364 Tage beziehungsweise Intervalle. Laut Posnansky waren die Aymara, die Erbauer dieses rituellen Zentrums, das allerälteste Volk, das jemals auf der Erde gelebt hat – noch älter als die peruanischen Inka, die genau wie viele andere Völker ebenfalls denselben Kalender benutzten.

Vier

Kosmische Indikatoren der Maya

Aus ihren astronomischen Beobachtungen, ihrem religiösen Glauben und ihrer Philosophie schlossen die Maya, dass Hunab K'u durch die Sterne leuchtende Energie übermittelt. Wie José Argüelles in seinem Buch *Der Maya Faktor* schrieb, dienen die Sterne als eine Art Linse, durch die Energie zu den Planeten transportiert wird. In unserem Planetensystem ist die Sonne der wichtigste Bote Hunab K'us – die Linse, mit deren Hilfe der Erde kosmische Informationen vermittelt werden. Die Maya nahmen die Pulsschläge oder Schwingungen Hunab K'us als eine Sprache wahr, die aus heiligen Zahlen bestand, und entwickelten komplexe mathematische Strukturen, mit deren Hilfe man astronomische und kalendarische Zyklen als untrennbar miteinander verbundene Bestandteile einer großen, astronomischen Ordnung erkennen konnte. Dieses unglaubliche Wissen um die kosmischen Gesetze war das Erbe, das die viele Jahrtausende alte Mayazivilisation hinterließ.

Dualismus und die kosmische Ordnung der Maya

Ein wichtiges mittelamerikanisches Prinzip ist der Dualismus. Das Weltbild aller Eingeborenenvölker Mittelamerikas war ausgesprochen dualistisch, was bedeutet, dass sie alles paarweise wahrnahmen, ähnlich wie beim taoistischen Prinzip von Yin und Yang, Licht und Dunkel, aktiv und passiv. Damit sind die untrennbar miteinander verknüpften Gegensatzpaare gemeint, die in enger Wechselbeziehung zueinander interagieren und in der gesamten Natur vorkommen. Dieses dualistische Prinzip, das die Maya als Grundprinzip des Lebens an sich begriffen, bestimmte auch die Mathematik ihrer Kalender. Sobald die Maya begriffen, dass wir von einem Universum umgeben sind, nahmen sie dieses Universum als etwas Dualistisches wahr. So stellten sie ihr Konzept Gottes oder Hunab K'us als Kreis und Quadrat dar – ein erstklassiges Beispiel für eine geometrische Darstellung der Dualität. Wenn sie von Hunab K'u sprachen, nannten sie ihn Geber der Bewegung und des Maßes, was ebenfalls den dualistischen Aspekt widerspiegelt.

Wir wollen hier nicht weiter auf diese bedeutungsvolle Thematik mit ihren profunden philosophischen Implikationen eingehen, aber die geneigten Leser sollten nicht vergessen, dass die ganze Welt der Maya dualistisch aufgebaut war. Wenn man verstehen will, wie das Zahlensystem in den astronomischen Kalendern der Maya funktioniert, ist es unerlässlich, sich diese Grundlage klar zu machen.

Abb. 4.1. Diese Schrifttafel wurde in der archäologischen Ausgrabungszone von Dos Pilas in Guatemala auf Stele Nr. 2 gefunden. Wie man sieht, war es bisher nur möglich, die numerologischen Aspekte der Gravuren zu übersetzen:

```
9 Baktun    9 x 144.000  = 1.296.000 Tage
15 Katun   15 x 7.200    = 108.000 Tage
4 Tun       4 x 360      = 1.440 Tage
6 Uinal     6 x 20       = 120 Tage
4 Kin       4 x 1        = 4 Tage
                           1.405.564 Tage
```

Vier – Kosmische Indikatoren der Maya 101

Die Bedeutung der Zahl 13

Abbildung 4.1 zeigt eine Mayaschrifttafel, die der Anthropologe Pierre Ivanoff in seinem Buch *El país de los Mayas* (»Das Land der Maya«) analysiert hat. Diese Schrifttafel wurde in der großflächigen, archäologischen Ausgrabungsstätte von Dos Pilas in Guatemala gefunden und speziell im Hinblick auf ihre numerischen, mathematischen und kalendarischen Aspekte dechiffriert. Sie enthält außerdem weitere Einzelheiten zur Mayakultur, die man vielleicht zu einem späteren Zeitpunkt entschlüsseln wird.

In seinem Buch wirft Ivanoff Fragen zur wahren Bedeutung der Zahl 13 auf. Ich möchte hier kurz erklären, wie die alten Maya diese heilige Zahl benutzten und wie man sie auffassen muss, um die Kultur der Maya zu verstehen. Zunächst muss man zwischen der Symbologie, also der Kunst der Symbolik, und der Numerologie, also dem Studium der geheimen Bedeutung der Zahlen unterscheiden. Rufen wir uns ins Gedächtnis, dass Hunab K'u im letzteren Zusammenhang als Geber der Bewegung und des Maßes vorgestellt wurde. In der Kultur der Maya hat der Kreis den symbolischen Zahlenwert 13 und symbolisiert sowohl Bewegung als auch Geist. Diese Zahl repräsentiert außerdem die 13 Ausdrucksformen des Menschen, die 13 Planeten unseres Sonnensystems, die 13 Mondzyklen und vieles mehr.

Mit anderen Worten: Die Maya erkannten offensichtlich, dass die gesamte Schöpfung durch die Zahl 13 teilbar ist. Für jeden Tag besaßen die Mayapriester ein Zeitmesssystem, das in 13 gleiche Abschnitte oder Intervalle eingeteilt war, die wir als Stunden bezeichnen würden. Jeder Abschnitt war wiederum in 13 Segmente eingeteilt, die wir Minuten nennen würden, und diese waren wiederum in 13 Abschnitte eingeteilt, die bei uns Sekunden hießen. Auch jede Sekunde war durch 13 geteilt, und dieses Segment ebenfalls, und so weiter bis ins Unendliche. Also war jeder Augenblick, den die Maya erlebten, unendlich durch die Zahl 13 dividiert. Dieser Prozess setzte sich ebenso unendlich in die andere Richtung fort – in den Makrokosmos des ganzen Universums.

Deshalb ist die Zahl 13 der Schlüssel zum Verständnis dafür, auf welche Weise sämtliche Mayakalender zusammenarbeiten beziehungsweise miteinander synchronisiert sind, um die kosmischen Gesetze auszudrücken. Die Maya hatten 13 Sternzeichen in ihrem Tierkreis, denn dieser schloss auch die Plejaden mit ein. Jeder Tag und jede Nacht bestanden aus je 13 Intervallen (im Gegensatz zu den 24 Stunden, nach denen Tag und Nacht heutzutage bemessen werden und die mit keinem einzigen natürlichen Zyklus irgendetwas zu tun haben). In der Summe 13 x 4 = 52 erkennen wir den Zyklus von 52 Jahren, der dem Tunben K'ak' oder »Kalender des neuen Feuers« zugrunde liegt (siehe Kapitel 6) und einem vollen Zyklus der Plejaden entspricht. Rufen Sie sich ins Gedächtnis, dass 20 die Zahl ist, die das Maß symbolisiert und durch das Quadrat dargestellt wird, während Hunab K'u als *Vereinigung* der 20 und der 13 gilt. Darum ist die Summe 13 x 20 = 260 die Grundlage des Tzolk'in Kalenders von 260 Tagen beziehungsweise 260 Intervallen. Dies ist der Kalender, der zur Anfertigung von astrologischen Sternenkarten benutzt wurde und auch der heilige Kalender oder Weissagungskalender genannt wurde.

13 : 20 – Die universelle Zeitmaß-Frequenz

Wie wir wissen, werden in der modernen Welt Tag und Nacht in je zwölf Stunden aufgeteilt, und das Jahr in zwölf Monate. Insofern ist die Zahl 12 der Schlüssel zum modernen Zeitverständnis. Dies ist jedoch ein künstlicher Zeitrhythmus, denn keiner dieser Zyklen läuft mit irgendwelchen natürlichen Zeitzyklen der Erde oder des Kosmos synchron. Der gregorianische Kalender hat zwölf Monate, die zusammen in etwa die Dauer eines Sonnenjahres ergeben, aber die Monate sind ungleich lang und haben keinen Bezug auf irgendeinen natürlichen Ablauf. Auch die künstlichen Einheiten namens »Sekunden« und »Minuten« haben keinerlei Bezug auf natürliche Vorgänge.

Das Ergebnis dieser willkürlichen Zeiteinteilung der modernen Welt ist, dass sich der Mensch nicht mit der natürlichen Welt im Einklang befindet und vom Jetzt, vom jetzigen Augenblick, entfremdet ist. Aber nur im Jetzt kann der Mensch begreifen, dass das Selbst mit allem, das ist, das war und das je sein wird, auf unendliche Weise verbunden ist! Dadurch hat der gregorianische Kalender zu einem schweren Fall von Gedächtnisverlust geführt, denn die Menschen haben vergessen, dass sie, jeder Einzelne von ihnen, kosmische Wesen sind und in Ewigkeit mit Hunab K'u, der einzigen Quelle alles Seienden, verbunden sind.

Die Maya dagegen benutzten die natürlichen Zeitfrequenzen, die auf der Zahl 13 beruhen, der Zahl der Bewegung, und auf der Zahl 20, der Zahl des Maßes. Gerade haben wir die Bedeutung der Zahl 13 erörtert, aber warum ist 20 die Zahl des Maßes? Wie wir bereits wissen, beruht das Zählsystem der Maya auf der 20, nicht auf der 10 wie in unserem Dezimalsystem. Auf der einfachsten Ebene bedeutet die Zahl 20 die Anzahl der Finger und Zehen jedes Menschen – zehn Finger plus zehn Zehen. Archäologen und andere Erforscher des Mayasystems haben festgestellt, dass man, wenn man in Einheiten von 20 zählt, sehr rasch auf große Summen kommen kann. Warum die Maya sich jedoch überhaupt mit solch großen Zahlen beschäftigten, bleibt diesen Gelehrten ein Rätsel.

Wenn man über die wahre Bedeutung der Zahl 20 nachdenkt, muss man außer seinem Verstand auch die Intuition gebrauchen. Ihre wahre Bedeutung ist ihre *Beziehung* zur Zahl 13. Dieses Verhältnis 13:20 ist keine Erfindung der Maya. Es wurde von José Argüelles am 10. Dezember 1989 entdeckt, wovon er in seinem Buch *Time and Technosphere* (»Zeit und Technosphäre«) erzählt. Wie Argüelles erklärt, ist das Verhältnis 13:20 eine universelle Zeitfrequenz, die die gesamte Schöpfung synchronisiert, vom unendlich Kleinen bis zum unendlich Großen. Das bedeutet, dass es ein Grundmuster ist, dem die Natur selbst folgt. Es findet sich in den Proportionen Ihres menschlichen Körpers (zum Beispiel gibt es im menschlichen Körper dreizehn Hauptgelenke und zwanzig Finger und Zehen, wie eben schon erwähnt), in der Proportion zwischen Landmasse und Wasser auf diesem Planeten Erde und so weiter, quer durch die gesamte Schöpfung. 13:20 ist auch das Verhältnis, das der gesamten heiligen Geometrie zugrunde liegt, wie man an den Pyramiden sieht – siehe das vorangegangene Kapitel.

Und somit ist dieses natürliche Zeitverhältnis 13:20 ein kosmischer Indikator und beruht auf den Verhältnissen, die allen natürlichen Vorgängen inhärent sind – auf der Ebene des Makrokosmos in den Bewegungen der Sterne, Planeten und Galaxien, auf der Ebene des Mikrokosmos in den Proportionen des menschlichen Körpers und in den biologischen Rhythmen der Pflanzen und Tiere – und wenn man noch weiter gehen will, auch auf der unendlichen Ebene der subtilen, innerdimensionalen Bewegungen des Bewusstseins und des Denkens. Es ist wie beim Dividieren und Multiplizieren: Wir stellen fest, dass das Bewusstsein die Schöpfung teilt, und zwar durch einen Faktor von 13, denn nur wenn wir uns einer Sache bewusst sind, können wir diesen Teil der Schöpfung begreifen und anerkennen. Und die Schöpfung multipliziert die Zahl des Maßes mit einem Faktor von 20.

Wie oben, so unten

Das Chilam Balam von Chumayel, eine Sammlung des symbolischen, ideografischen und ikonografischen Wissens um die kosmischen Gesetze, das uns über viele Zeitalter hinweg erhalten blieb, verbindet uns mit der Abstammungslinie unserer Ahnen. Aufgrund ihres Vorauswissens war den Mayapriestern klar, dass eine Ära der Mayatradition dem Ende zuging, weil eine neue Religion kommen würde, und sie hielten es für nötig, alles, was sie über die große Mayazivilisation wussten, in diesem heiligen Buch festzuhalten. Aus dieser einzigartigen Chronik können wir lernen, wie die Maya Mathematik, Astronomie, Religion und Philosophie in ihren Kalendern benutzten. Diese und andere Beweisstücke werden die konventionellen Gelehrten in die Schranken weisen, die behaupten, dass die Mayakultur bei der Ankunft der Spanier auf der Halbinsel Yucatán bereits in den Nebeln der Geschichte versunken war.

Die Maya waren nicht das einzige Volk, das um die kosmischen Gesetze wusste. Andere alte Völker, darunter die Mittelamerikaner, Babylonier, Sumerer und Ägypter, besaßen ebenfalls wissenschaftliche Kenntnisse über kosmische Gesetze, und auch sie schrieben ihr Wissen in ihren jeweiligen Kodizes nieder. Wie man auf der Zeichnung auf Abbildung 4.2 (a) sieht,

Abb. 4.2. Die Zeichnung oben (a) beruht auf einer Abbildung aus dem Chilam Balam von Chumayel und enthält eine wichtige Lehre der Mayazivilisation über das kosmische Gesetz. Die Originalzeichnung enthielt mehrere Markierungen in Form eines Halbkreises, und nach sorgfältigem Studium und eingehender Meditation wurde es möglich, diese zu entziffern und so wie hier abzubilden. Ganz oben sieht man die Sonne, verbunden mit dem menschlichen Körper – damit sagen uns die Mayapriester, dass der Mensch ein Teil der Sonne ist. Die Pyramide in der unteren Zeichnung (b) wird ebenfalls als Einheit mit der Sonne und dem Menschen gezeigt.

Vier – Kosmische Indikatoren der Maya 107

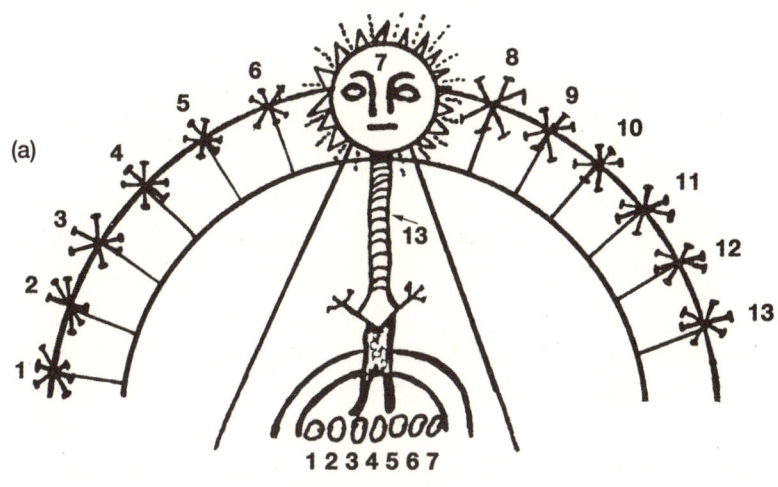

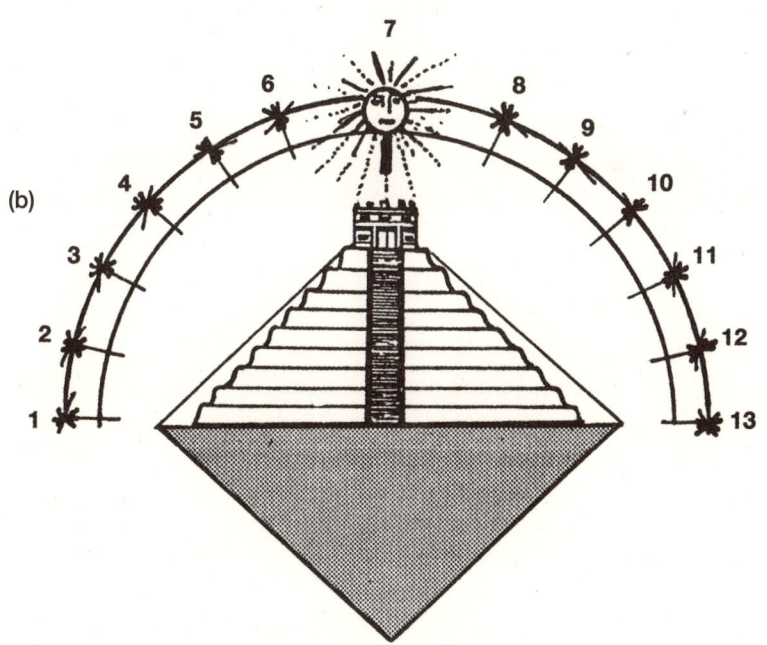

enthüllt das Chilam Balam von Chumayel genau das, wonach die europäischen Wissenschaftler während der wissenschaftlichen Revolution suchten – allen voran der deutsche Mathematiker, Astronom und Astrologe Johannes Kepler (1571–1630). Kepler wollte Wissen über den Kosmos und seine Mathematik erlangen und machte auf seiner Suche danach viele interessante wissenschaftliche Entdeckungen. Er machte jedoch einen großen Fehler: Er ließ in seinen Kalkulationen den Menschen außer Acht.

Die Zeichnung auf Abbildung 4.2 beruht auf einer Illustration des Chilam Balam von Chumayel. Sie stellt 13 Intervalle oder Bewegungsabschnitte der Sonne dar und sagt uns, dass man den Menschen in die kosmischen Gesetze einbeziehen muss, denn sein Körper hat Kontakt zur Erde und sein Kopf wird als Sonne oder solares Zentrum dargestellt. Mit anderen Worten: Der Mensch ist ein Mikrokosmos des Universums und deshalb vom kosmischen Gesetz untrennbar. Die Mitte beziehungsweise der Mittelpunkt der Zahl 13 ist die Zahl 7. Dieser Kodex sagt uns auch, dass dem menschlichen Körper die Zahl 7 in den Füßen und die Zahl 13 in einem Teil des Halses innewohnt. Abbildung 4.2 (b) ist eine künstlerischere Interpretation derselben Zeichnung, auf der abgesehen von den 13 Zahlen auch die Pyramide des Kukulcán von Chichén Itzá zu sehen ist. Dies vermittelt uns eine noch bessere Vorstellung von der kosmischen Vision der Maya.

Abbildung 4.2 (b) wurde von der ersten Zeichnung inspiriert und ist unsere Interpretation dessen, was die Maya uns sagen wollten. Auch diese Zeichnung weist auf dem halbkreisförmigen Teil 13 Markierungen oder Intervalle auf. Wie wir wissen, ist der Mittelpunkt der 13 die 7, und diese Zahl befindet sich innerhalb der Sonne. Diese Zeichnung bestätigt, dass der Tag 13 Intervalle oder Mayastunden hat, und logischerweise muss die Nacht ebenfalls 13 Intervalle oder Stunden haben. Beide

Mengen zusammen ergeben eine Summe von 26 Intervallen oder Stunden. Im unteren Teil der Abbildung 4.2 (a) sehen wir 7 Markierungen mit Kreisen. Die Zahl 7 ist ein Indikator für viele Dinge. Erinnern wir uns zum Beispiel an die sieben Dreiecke, die sich, wie im dritten Kapitel erwähnt, jedes Jahr während der Äquinoktien auf der Pyramide des Kukulcán in Chichén Itzá bilden.

Die Bedeutung der Zahl 7

Die Sternengruppe, die bei uns Plejaden oder die sieben Schwestern heißt, wurde von den Maya Tzek'eb genannt und durch die sieben Rasseln der Schlange dargestellt (erinnern wir uns an unsere Erörterung im vorangegangenen Kapitel über die Bedeutung der Schlange, die auf der Pyramide des Kukulcán erscheint). Wie im ersten Kapitel erwähnt, waren diese sieben Sterne für die alten Maya von größter Bedeutung, weil laut ihrem Glauben das Leben auf dem Planeten Erde zum selben Zeitpunkt begann, als diese Sternengruppe ihren Platz im Kosmos bezog, und das menschliche Bewusstsein hat dort seinen Ursprung.

Wir wollen uns nun der Pyramide des Kukulcán zuwenden, um die Beziehung zwischen diesem Kalendermonument und den Plejaden zu untersuchen. Auf allen vier Seiten der Pyramide sind jeweils zweiundfünfzig große Markierungen zu sehen. Diese Zahl 52 ist mit dem Tunben K'ak', dem plejadischen Kalender, verbunden. Die indigenen Völker Amerikas feierten alle 52 Jahre die Vollendung eines Zyklus dieses Kalenders mit der Zeremonie des neuen Feuers. Dieses Erneuerungsritual kennzeichnete den Anfangspunkt des nächsten Kalenderzyklus, der dem vollständigen, minderen Zyklus des Tzek'eb entsprach.

110   Die heilige Kultur der Maya

Wie im vorigen Kapitel geschildert, sieht man jedes Jahr zur Frühlings- und Herbsttagundnachtgleiche zu Beginn des Sonnenuntergangs sieben Markierungen auf den Stufen der Pyramide des Kukulcán. Diese sieben Dreiecke entstehen durch das Spiel von Licht und Schatten und verraten uns eine Menge über die Mayakultur. Beachten wir nun, was uns der große Gelehrte Rodolfo Benavides in seinem Buch *Dramaticas Profecías de la Gran Pirámide* (»Dramatische Prophezeiungen der großen Pyramide«) über die Sterne des Tzek'eb zu sagen hat:

> Der Astronom José Comas Sola widmete sich besonders intensiv dem Studium dieser Sternengruppe, und nach vielen Jahren der direkten Beobachtung und des Photographierens kam er zu dem Schluss, dass mindestens sechs weitere sichtbare Sterne – sieben, wenn man Alkyone dazuzählt – ein echtes physikalisches Sternensystem bilden. Mit anderen Worten: Diese lebendigen Sterne bewegen sich nicht unabhängig voneinander, sondern sie kreisen um ein gemeinsames Gravitationszentrum herum, ganz ähnlich wie unsere Planeten um die Sonne kreisen.
>
> Viele berühmte Astronomen haben dieses Thema eingehend studiert und exakte Kalkulationen darüber angestellt. Sie kamen zu dem Schluss, dass die Plejaden in Wirklichkeit ein System aus mehreren Sonnen sind, die alle um Alkyone kreisen. In der östlichen Astrophysik wird Alkyone offiziell als Zentrum dieses solaren Orbits anerkannt. Überdies ist das Gleichgewicht der Erdachse, das eine Reihe von Phänomenen

Abb. 4.3. Diese Zeichnung beruht auf der Cheopspyramide in Ägypten. Alkyone befindet sich im Zentrum der Plejaden, und in der Mayasprache heißen die Plejaden Tzek'eb. »Polar« bedeutet den Polarstern. Die Ägypter wussten ebenso wie viele andere uralte Völker, darunter die Maya, Babylonier, Inka, Aymara, Cherokee und Azteken, um das Sonnensystem, das wir die Plejaden nennen.

Vier – Kosmische Indikatoren der Maya

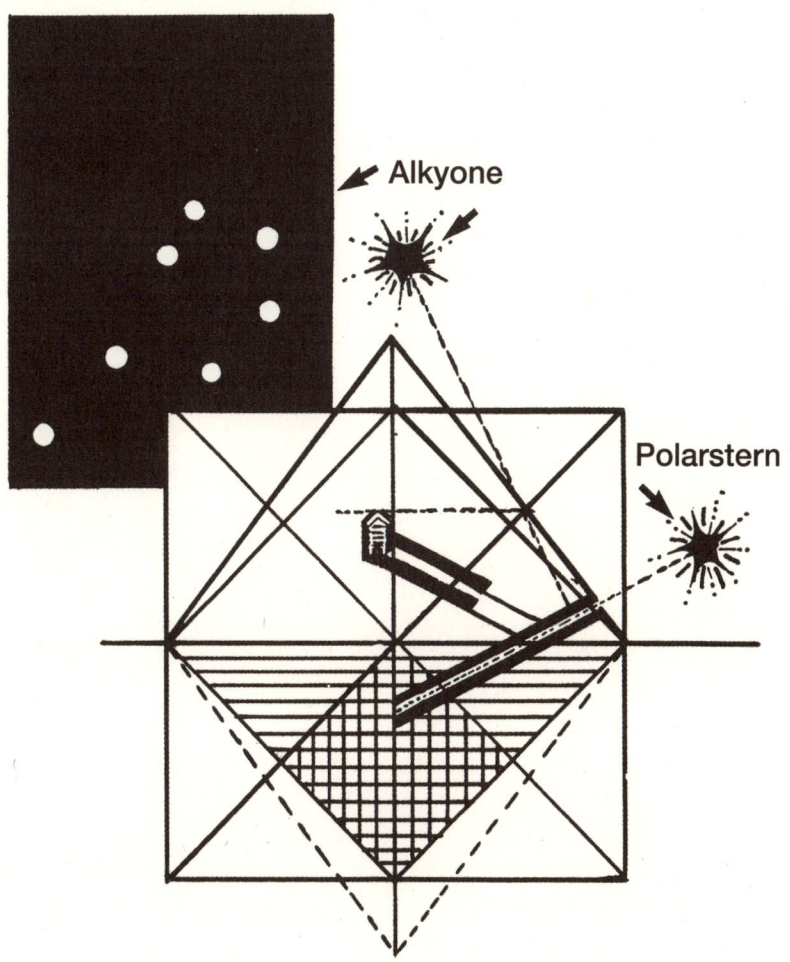

bewirkt, darunter die Präzession der Äquinoktien, wahrscheinlich sehr eng mit Alkyone verbunden ... Einfach ausgedrückt haben wir das, was uns die Astronomie mitteilt, untersucht und können nun unsere eigenen Spekulationen darüber anstellen. Wir dürfen insbesondere annehmen, dass jede dieser Sonnen das Zentrum eines eigenen Planetensystems ist und dass natürlich jeder dieser Planeten eine eigene Welt ist, mit seinem spezifischen pflanzlichen, tierischen und menschlichen Leben.

Das Buch *Der Jüngste Tag* des deutschen Autors Paul Otto Hesse, das 1949 erschien, enthält faszinierende Behauptungen über die Plejaden. Hesse sagt, dass unser Planetensystem ein Teil dieser plejadischen Sonnensysteme ist – und das bedeutet, dass nicht nur sechs Sonnen um Alkyone kreisen, sondern noch viele mehr, und dass unsere Sonne die siebte Umlaufbahn innehat. Die Dauer ihres vollständigen Umlaufs beträgt 24.000 Jahre, aufgeteilt in zwei Perioden von jeweils 12.000 Jahren, von denen 2.000 Jahre »Licht« sind und 10.000 Jahre »Dunkel«. Laut Hesse leben wir heute am Ende einer Periode von 10.000 dunklen Jahren, und folglich werden wir bald in eine Periode von 2.000 Jahren des Lichts eintreten.

Wir wollen nun das obige Zitat analysieren. Von Anfang an haben die Maya behauptet, die Plejaden seien die Achse des irdischen Lebens. In all ihren verschiedenen Kalendern ist diese Konstellation enthalten. Außerdem integrierten sie die Zahl 7 auf prägnante und grundlegende Weise in ihre Kultur und in ihre Kalender. Ich will versuchen, möglichst einfach zu erklären, wie die Maya die Zahl 7 benutzten und auf welche Weise diese in ihre Kultur integriert war.

Die Plejaden bestehen aus sieben Hauptsternen oder Sonnen. Daraus schlossen die Maya, dass jede dieser Sonnen ihre eigene energetische Kraft in uns Menschen deponierte, als wir geschaffen wurden – und das bedeutet, dass wir in Wirklichkeit die Kraft dieser Sonnen besitzen. Jeder von uns trägt die sieben Kräfte unserer Sonnenfamilie in seinem individuellen Körper. Außerdem sollten wir uns klarmachen, dass sämtliche Manifestationen des Lebens auf der Erde als Teil ihrer Energie die Zahl 7 enthalten. Wenn diese Zahl in allem Sichtbaren enthalten ist, dann muss sie auch in allem Unsichtbaren oder in allem, das keine wahrnehmbare körperliche Form besitzt, enthalten sein (erinnern wir uns an unsere frühere Erörterung des Dualismus in der Gedankenwelt der Maya). Folglich müssen wir, wenn wir die wahre Bedeutung der Zahl 7 studieren und begreifen wollen, diese sowohl auf dem physischen als auch auf der spirituellen Ebene verstehen.

Für die alten Maya repräsentierten die Plejaden das Grundprinzip des Lebens auf dem Planeten Erde, und infolgedessen waren sie ihre kulturelle Achse, um die sich alles drehte. Religion und Mathematik der Maya waren eng mit den sieben Sternen oder Sonnen der Plejaden verknüpft, und deshalb waren auch alle astronomischen Kalender der Maya mit den Plejaden verbunden. Zur Zeit der Äquinoktien, wenn die sieben gleichschenkligen Dreiecke auf der Pyramide des Kukulcán in Chichén Itzá erscheinen, begingen die Maya bedeutende Zeremonien. Die allerwichtigsten Rituale fanden jedoch alle 52 Jahre statt und richteten sich nach dem Tunben K'ak' Kalender, der die minderen Zyklen der Plejaden markiert. Doch hinter sämtlichen Kalendern der alten Maya stand der Kalender des großen Zyklus von 26.000 Jahren – der Zeit, die unsere Sonne braucht, um ihren Umlauf um Alkyone zu vollenden, dem zentralen Stern der Plejaden, wobei alle anderen Planeten, die sich innerhalb unserer Milchstraße auf ihren Umlaufbahnen befinden, dasselbe tun. Der Kalender, der diesen großen Zyklus darlegte, hieß, genau wie die Sternengruppe selbst, in der Mayasprache Tzek'eb.

Fünf

Zeiteinheiten der Maya

Wir haben bereits erörtert, dass es aus der Sicht der Maya nur eine einzige Energiequelle gibt: das göttliche Bewusstsein beziehungsweise Hunab K'u, der sich in einer unendlichen Anzahl möglicher Formen quer durch alle Dimensionen manifestieren kann. Hunab K'u ist das Herz aller Wesen, und jeder Einzelne von uns ist durch sein eigenes Herz daran angeschlossen. Tatsächlich ist es unmöglich, nicht daran angeschlossen zu sein!

Für die Maya bestand jede der unendlich vielen Formen Hunab K'us aus Frequenzvibrationen oder Tonalitäten. Sie betrachteten sogar jegliche Materie als miteinander verbundene Energie- oder Schwingungswellen. Ganz anders als unsere moderne Welt, die ja von materialistischer Wirklichkeit und linearer Zeit geradezu besessen ist, gründete sich bei den Maya die Auffassung der Wirklichkeit auf Frequenzen und Schwingungen, was sowohl das Sichtbare als auch das Unsichtbare mit einschließt. Deshalb müssen wir uns im weiteren, tieferen Verlauf unserer Erörterung der Mayakalender und der damit verbundenen Zahlen stets daran erinnern, dass wir hier von harmonischen Resonanzen sprechen. Dies ist die moderne Bezeichnung, die José Argüelles benutzte, um dieses Phänomen zu beschreiben. Zahlen sind im Gedankensystem der Maya nicht ausschließlich mit spezifischen physischen Mengen verbunden, sondern alle Zahlen, inklusive die Null, repräsentieren ganz bestimmte Frequenzen und Töne.

Erinnern wir uns, dass wir im dritten Kapitel den spanischen Mönch Diego de Landa erwähnten, der für die Zerstörung des größten Teils der immensen Mayabibliothek mit ihren Kodizes des kosmischen Maya-Wissens verantwortlich war. Als dieser Franziskanermönch zum ersten Mal im Land der Maya ankam, nahm er sich vor, die Halbinsel Yucatán ihrer ganzen Länge und Breite nach zu durchwandern. Er war sogar bereit, in Gebiete vorzudringen, in denen die Eingeborenen die Spanier zutiefst verachteten. Seine einzige Waffe war seine wilde Entschlossenheit, so viel über die Mayakultur zu lernen, wie er nur irgend konnte, einschließlich ihres Schrift- und Zahlensystems, um dadurch später diese Kultur umso leichter zerstören zu können. Aufgrund seiner Mühen wurde er einer der ersten europäischen »Experten«, die Aufzeichnungen über die Mayakultur und ihre diversen Kalender machten.

Leider begriff dieser spanische Mönch nichts von alledem, was ihm das Mayavolk in seinen Kalendern und in all seinen anderen heiligen Schriften zeigte. Schuld war das grundsätzliche Missverständnis, das Männer wie er zugleich mit ihrem europäischen Zeiteinteilungssystem geerbt hatten. Infolgedessen war Bruder Landa völlig desorientiert, und alle seine Abhandlungen über die Mayakultur waren grundfalsch. Dennoch wurde Landas unpräzise und manchmal sogar frei erfundene »Historie« der Mayakultur zum wichtigsten europäischen Grundsatzwerk, das seither das Erscheinungsbild der Maya in Europa fundamental geprägt hat – und leider wurde Landas Erbe der Unwahrheit an jede neue Generation weitergegeben.

Wir wollen nun ein Beispiel aus Landas Schriften über die Chronologie der Kalender untersuchen, in diesem Fall über das Haab oder den Sonnenkalender der Maya. Der Auszug stammt aus seinem Buch *Relación de las cosas de Yucatán y sus Indios* (»Korrelation der Sitten auf Yucatán und seiner Indios«):

Entweder im Monat *Pop* oder *Cumbu*, an einem Tag, der von ihrem Priester bestimmt wurde, feierten sie ein Fest, das sie *Ocn (Ocna)* nannten. Das bedeutet »die Erneuerung des Tempels«. Dieses Fest wurde zu Ehren der *Chacs* gefeiert, die die Maya als Götter der Maisfelder betrachteten, und während dieser Feste erhielten sie die Prophezeiungen der *Bacabes*. Dieses Fest fand jedes Jahr statt, und zu diesem Zeitpunkt erneuerten sie auch ihre tönernen Götzen und ihre Gefäße zur Verbrennung von Räucherwerk. Es war Sitte, dass jeder Götze ein Räucherwerkgefäß zur Erzeugung von Düften hatte. Falls nötig, wurde auch das Haus wieder aufgebaut oder renoviert, und Hieroglyphen wurden an die Wände geschrieben, um diese Dinge in der Erinnerung festzuhalten.

Aus alldem kann man nur eine einzige sachdienliche Tatsache ableiten: dass die Maya zwischen den Monaten Dezember und März diese Rituale und Zeremonien feierten, um das Ende des alten und den Beginn des neuen Jahres festlich zu begehen. Laut Landa steht demnach nur eines fest: Die Maya benutzten das Haab. Aber sie benutzten außerdem noch andere Kalender, um die Sonnwenden und Tagundnachtgleichen zu bestimmen und die Bewegungen der Sonne zu ergründen.

Die dreizehn Einteilungen von Tag und Nacht

Abbildung 5.1 (siehe Seite 121) wird uns von nun an als Grundmuster zum Verständnis der mathematischen Schlüssel der Maya und ihrer Verbindung zu den astronomischen Mayakalendern dienen, und wir werden sie immer wieder vergleichend hinzuziehen. Die Basiseinheit der Zeit in den Mayakalendern wird *k'in* genannt. Dieses Wort bedeutet »Tag«, »Sonne«, »Person« oder »Verwandter«. Die Maya zählten ihre Zyklen nach dem k'in, immer ein k'in auf einmal. Das Wort *ak'ab*, das in den Mayanamen der Nachtabschnitte erscheint, bedeutet »Nacht«. Wie wir bereits wissen, teilten die Maya Tag und Nacht in jeweils 13 Einheiten oder Stunden auf, was insgesamt 26 Einheiten oder Stunden ergibt. Hier folgen nun die Mayabezeichnungen für diese Zeiteinheiten und ihre deutschen Übersetzungen. Beachten Sie, welch ähnliches Muster die Namen der einzelnen Tag- und Nachtabschnitte aufweisen.

Tagesabschnitte der Maya
1. K'in — Tag
2. Bul k'in — der ganze Tag
3. Tip'il k'in — Sonnenaufgang
4. Chun k'in — 7 Uhr morgens bis 11 Uhr morgens
5. Chumuc k'in — Mittag
6. Hun zut k'in — ein Moment des Tages
7. Xot k'in — ein Bruchteil des Tages
8. Pot k'in — eine Dividiereinheit des Tages

Abb. 5.1. (a) Vergleichen Sie diese Zeichnung mit Abb. 4.2 im vierten Kapitel, die aus einer Illustration des Chilam Balam stammt und dreizehn Markierungen aufweist, die der Einteilung des Tages in dreizehn Intervalle oder Stunden entsprechen. Wenn der Tag 13 Intervalle oder Stunden hat, muss es logischerweise nachts ebenfalls 13 Intervalle oder Stunden geben. Addieren wir Tag und Nacht zusammen, erhalten wir 26 Intervalle oder Stunden. **Abb. 5.1.** (b) stellt die Pyramide des Kukulcán auf Yucatán dar. Beachten Sie die zwei Gruppierungen von jeweils neun Stufen links und rechts im oberen Teil der Grafik. Diese symbolisieren die 18 Monate des Haab oder Sonnenkalenders, den die Maya im Alltagsleben benutzten, um ihr Jahr einzuteilen. Beachten Sie, dass die mittelamerikanische Kultur alle Dinge dualistisch, also in Paaren auffasste. Aus diesem Grund wurde die Zahl 18 mit einer weiteren Zahl 18 gekoppelt, was die Zahl 36 ergibt. Wenn wir an diese Zahl das ge anhängen, was »das Prinzip« oder die Zahl Null bedeutet, dann erhalten wir die Zahl 360, eine weitere heilige Zahl, die die Maya benutzten, um Tage, Intervalle, Grade und so weiter zu messen.

Fünf – Zeiteinheiten der Maya 121

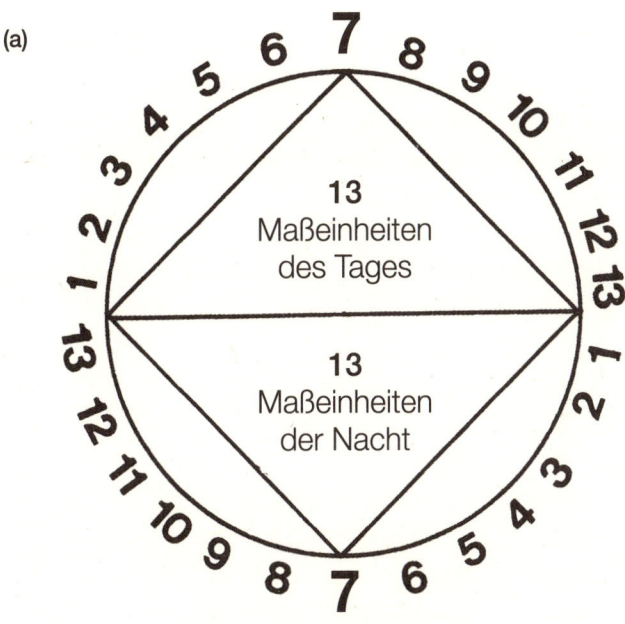

(a) 13 + 13 = 26 (260)

(b) 4 x 9 = 36 (360)

9. Zazil k'in   das Erhellen des Tages
10. Ich k'in   das Auge des Tages
11. Chinil k'in   der Abend
12. Ocnah k'in   Sonnenuntergang
13. Hatz k'in   Dunkelheit

Nachtabschnitte der Maya
1. Ak'ab   Nacht
2. Bul ak'ab   die ganze Nacht
3. Tip'il ak'ab   der Anfang der Nacht
4. Chun ak'ab   19 Uhr bis 23 Uhr
5. Chumac ak'ab   Mitternacht
6. Hun zut ak'ab   ein Moment der Nacht
7. Xot ak'ab   ein Bruchteil der Nacht
8. Pot ak'ab   eine Dividiereinheit der Nacht
9. Zzazil ak'ab   das Erhellen der Nacht
10. Ich ak'ab   das Auge der Nacht
11. Chinil ak'ab   die Morgendämmerung
12. Ocnah ak'ab   das Ende der Nacht
13. Hatz ak'ab   Licht

Die achtzehn Monate des Haab Kalenders

Die vom spanischen Mönch Landa falsch übertragenen Mayanamen für die 18 Monate des Haab Kalenders (die aus jeweils 20 Tagen bestanden) werden hier nicht aufgelistet. Es genügt zu erwähnen, dass die Mayapriester auf Yucatán den spanischen Eindringlingen von vornherein misstrauten, und der aufdringliche Mönch bildete da keine Ausnahme. Aus diesem Grund hätten sie Landa niemals die ganze Wahrheit über die Mayakultur erzählt, sondern versteckten ihre heiligen Schätze, wozu insbesondere auch die Zahlen und deren Bedeutungen gehörten, vor diesen ignoranten Barbaren. Folglich sind die Hieroglyphen, die Landa in seinem Buch aufzeichnete, bei der Bemühung um das Verstehen der wahren Mayakultur zu überhaupt nichts nütze.

Es folgen nun die wahren Namen und Bedeutungen der 18 Monate des Haab Kalenders der Maya. Beachten Sie, dass es 18 Monate gibt, plus einen weiteren, kurzen Monat, der nur aus fünf Tagen besteht und Uayeb genannt wird.

1. Pop   Führer, Häuptling, Ratgeber, Herrscher
2. Uo   Verständnis, Geduld, Begabung, Seelenfrieden
3. Zip   Reife, Nützlichkeit, Fülle, Erhältlichkeit
4. Zodz   Intuition, Vision, Hellsicht, Auffassung
5. Tzeek   Erfindungsgabe, Neugierde, Beharrlichkeit, Mission
6. Xul   Ziel, Zweck, Sinn, Ende, Zyklus
7. Yaxk'in   Stärke, Macht, Überlegenheit, Größe
8. Mol   führen, kontrollieren, Gruppe, vereinigen
9. Chen   gerecht, ehrlich, fair, aufrichtig
10. Yax   Unschuld, Keuschheit, Offenheit, Unbefangenheit
11. Zac   schnell, rasch, prompt, flink
12. Ceh   Zerbrechlichkeit, Weichheit, Feinheit, Zärtlichkeit
13. Maac   Persönlichkeit, Finesse, Talent, Eleganz
14. K'ank'in Attribute, Stil, Eigenschaften, Charakter
15. Muan   Sachverständigkeit, Fertigkeit, Begabung, Gedächtnis
16. Pax   klopfen, schlagen, bewegen, umleiten
17. K'ayab   Freude, Heiterkeit, Trost, Friede
18 Cumhu   putzen, aufräumen, waschen, reinigen
19. Uayeb   Anteil, Wert, schätzen, anerkennen
              (kurzes Intervall von 5 Tagen)

Auf Abbildung 5.1 (a) sehen wir zwei Pyramiden, eine in Normalstellung, die andere invertiert (man beachte den in dieser

Darstellung inhärenten Dualismus). Die aufrecht stehende Pyramide hat neun Stufen links und neun rechts. Diese Stufen stellen die 18 Monate des Jahres nach dem Haab Kalender dar. Wenn Sie im dritten Kapitel die Abbildung 3.4 nachschlagen, sehen Sie dort im oberen Teil der Zeichnung die zwanzig Tage der Haab-Monate. Das Ergebnis der Gleichung $18 \times 20 = 360$ ist eine Zahl, die die Tage des Jahres repräsentiert, doch sie kann ebenso gut Jahre, Intervalle, Grade und vieles mehr bedeuten, da die Mathematik in der Mayakultur auf diese Weise verstanden wurde. Hier erhebt sich nach der Meinung des englischen Archäologen J. Eric S. Thompson (1898–1975) ein kulturelles Dilemma. Laut Thompson fehlen im 360-Tage-Kalender der Maya die fünf Tage, die dem gregorianischen und julianischen Kalender entsprechen. Später werden wir seinen analytischen Irrtum aufklären, aber im Augenblick raten wir unseren Lesern, Thompsons Behauptung zu ignorieren, dass die Maya jene »fehlenden« Tage zu Hause mit einem Besäufnis verbrachten, weil sie diese Zeitspanne als Periode des Unglücks betrachteten!

Die zwanzig Tage des Monats im Haab Kalender

Es folgen die Namen der zwanzig Intervalle oder Tage des Haab-Monats der Maya – korrekt geschrieben, in der richtigen Reihenfolge und mit ihrer jeweiligen Bedeutung. In Wirklichkeit wusste der Mönch Landa gar nicht, wie man diese Namen in der Sprache der Itzae korrekterweise schreibt. Mehr noch: Er durchlief nie die verschiedenen Einweihungsstufen der Mayakultur, um die heiligen Bedeutungen zu lernen, die mit den diversen Zeiteinteilungen verknüpft sind. Zum Beispiel schrieb Landa *K'ax yab*, dabei ist die korrekte Schreibweise *K'ayab*, was »Freude, Heiterkeit, Trost, Friede« oder »viele Lieder«

bedeutet – ein Hinweis darauf, dass sich in diesem Monat der Frühling nähert.

1.	Kan	Vitalität, Sensibilität, Urteilsvermögen, Reife
2.	Chicchan	Wissen, Kultur, Bildung, Weisheit
3.	Cimil	abschließen, verändern, entfernen, verschwinden
4.	Manik'	schreiten, weitergehen, fortfahren, weitermachen
5.	Lamat	eindringen, untersuchen, vertiefen, analysieren
6.	Muluc	unweit, um, nebenan, nah
7.	Oc	Reisender, Wanderer, Pilger, Besucher
8.	Chuen	im Auge behalten, beobachten, bewachen, beachten
9.	Eb	Aufstieg, Verbesserung, Sieg, Meisterschaft
10.	Ben	Mäßigung, Geistesgesundheit, Festigkeit, Vorsicht
11.	Ix	reiben, kratzen, erodieren, feilen
12.	Men	Schöpfer, Erfinder, Entdecker, Neuerer
13.	Cib	liebenswürdig (hilfsbereit), zart, freundlich, höflich
14.	Caban	Schönheit, Harmonie, Gleichgewicht, Friede
15.	Edznah	Heim, Familie, Wohnstätte, Tempel
16.	Cauac	Dualismus, Paar, Vereinigung, Ähnlichkeit
17.	Ahau	Herr, Meister, Eingeweihter, Führer
18.	Imix	Ursprung, Geburt, Anfang, Gründung
19.	Ik'	transformieren, verändern, variieren, wandeln
20.	Ak'bal	obskur, okkult, mystisch, esoterisch

Die Maya-Numerologie

Um die Kultur unserer Maya-Vorfahren zu verstehen, ist es von grundlegender Wichtigkeit, die Bedeutung der dreizehn heiligen Zahlen der Maya zu verstehen. Vergessen Sie nicht, dass das

Folgende lediglich eine knappe Erklärung der Bedeutung aller dreizehn Zahlen ist. Man kann diese Zahlen auch in *zuyua* lesen, was bedeutet, dass man sie auch in umgekehrter Reihenfolge verstehen kann, doch diese tiefere Methode des Wissens wird in diesem Buch weder erörtert noch gelehrt.

0	Ge	Das Prinzip, die Grundlage des Maya-Zahlensystems, das kosmische Ei. Die Spiralform des *ge* symbolisiert den Ursprung unserer Existenz, die Milchstraße.
1	Hun	Die Einheit, der Anfang, der schöpferische Funke.
2	Ca	Das Wissen um die Polarität und den Dualismus. Eine Zahl der mystischen Vision, die aus der Erkenntnis des im Dualismus inhärenten Konflikts resultiert.
3	Ox	Aktivierung und Bewegung, absichtsvolles Wachstum. (Das *x* wird in der Mayasprache wie *sch* ausgesprochen.)
4	Can	Definition und Messung, die vier Elemente, die vier Himmelsrichtungen, die vier Existenzebenen, Harmonie und Stabilität.
5	Ho	Ermächtigung und Integration. Das Potenzial, entweder Konflikt oder Kreativität zu wählen. Diese Möglichkeit entsteht aus dem Wissen, ein Teil des Ganzen zu sein. Eine Zahl der Erkundung, des Vergleichs, des Hinterfragens.
6	Uac	Universelle Harmonie und Balance, während wir uns durch die Zyklen der Veränderung bewegen. Intuitives Fließen, eine Zahl des Gleichgewichts, der Entwicklung und Verfolgung.
7	Uc	Die Zahl der Chakras, der Regenbogenfarben, die Anzahl der Sterne in den Plejaden. Die Zahl

Fünf – Zeiteinheiten der Maya 127

	in der Mitte der Zahl 13, die Zahl der Weisheit, der Konzentration, des Willens.
8 Oaxac	Harmonie, Regeneration, Restrukturierung, Bewusstsein von Grenzen. Eine Zahl der Entdeckung, Erfindung und Analyse.
9 Bolon	Zahl der Vollendung, Tor zur nächsten Ebene, die Summe aller vorangegangenen Zahlen, die Zahl der höchsten Erbauung.
10 Lahun	Absicht und Manifestation, Vollendung des Willens, eine Zahl der Vollkommenheit des Physischen, die Umwandlung von roher Energie in die Wirklichkeit.
11 Hun lahun	Wenn die Energien von Hun und Lahun aufeinandertreffen, entsteht Chaos, was eine Befreiung und die Heilung des Ungleichgewichts bewirkt. Die Zahl des ausbalancierenden Heilers. Nur das, was dem größten Wohl dient, erreicht die oberen Energieebenen.
12 Ca lahun	Kreuzwege. Zyklen, die sich ihrem Ende nähern und die Entscheidungen, die durch solche Beendigungen bewirkt werden. Eine Zahl der Regenerierung, Verjüngung und der Macht der Kommunikation.
13 Ox lahun	Mit der Wahrheit leben. Die Vollkommenheit des Ganzen, Prophezeiung und Schicksal, der Anfang und das Ende, die Klarheit der Leere.

Als Beispiel für die Numerologie der Maya wollen wir das Mayawort für die Null betrachten: *ge*, was so viel bedeutet wie »das Prinzip«. Die uralte Mayazivilisation entdeckte und benutzte das Konzept der Null vor allen anderen Kulturen der Welt (mit Ausnahme der Hindukultur Indiens, die die Null ausschließlich für astronomische Berechnungen verwendete).

Ge wurde aufgrund seiner spirituellen Implikationen als Auge dargestellt – eine Repräsentation des großen Mysteriums, die Essenz des Ursprungs, der Same, aus dem alles Leben hervorgeht. Physiker beschreiben den Nullpunkt als Punkt der superkonzentrierten Energie. Nach Auffassung der Mayaphilosophie liegt jeglicher Existenz ein solches Prinzip zugrunde. Wenn wir zum Beispiel die 0 an die Zahl 26 anhängen, erhalten wir die Zahl 260, die dem heiligen Kreis entspricht.

Betrachten wir nun die Zahl 9, *bolon*, die »endgültig« oder »Grenze« bedeutet. Interessant ist, dass man, wenn man alle vorangegangenen Zahlen addiert, als Ergebnis die Zahl 9 erhält. Die alten Maya benutzten stets gewisse Zahlen, um besonders wichtige Dinge in der Mathematik auszudrücken, und immer, wenn die Zahl 9 erscheint, wird damit das Ende irgendeiner Ära gekennzeichnet. Man sollte die geheimnisvolle 9 gründlich studieren, wenn man die Mayakultur verstehen will.

Es folgen einige Beispiele für die Verwendung der Zahl 9 im Kontext der Maya:

- Eine Mischung aus neun Getränken wurde *Ixmucane* genannt. Dieses Getränk spendet Kraft und Ausdauer, es bildet die Muskeln und macht den Menschen vital. Laut dem Popol Vuh wurde dieses Getränk von den Vorvätern Tepeu und Gugumatz hergestellt.
- Die Zahl 9 ist mit einem Kalender verknüpft, den der spanische Mönch Diego de Landa erwähnte. Er schrieb, dass die Maya ihre Neujahrsriten im März begingen, um das neue Jahr zu feiern. Dieser Kalender dient der Berechnung der Tagundnachtgleichen, also der Zeitpunkte, an denen die Sonne den Äquator von Norden nach Süden beziehungsweise von Süden nach Norden überquert. Danach folgt die Sonne ihrer Bahn jeweils viereinhalb Monate des Mayakalenders lang, bis der nächste Extrempunkt erreicht ist, und benötigt

dann die gleiche Zeitspanne von viereinhalb Monaten, um wieder zum Äquator zurückzukehren – was insgesamt eine Summe von neun Monaten ergibt.

- Neunzig ist die Anzahl der Grade zwischen einem Kardinalpunkt und dem nächsten. Um ein perfektes Quadrat zu zeichnen, braucht man 90-Grad-Winkel, und wie wir gesehen haben, ist ein Kreis in vier Abschnitte von je 90 Grad eingeteilt. Das *Haab* hat 4 x 90 Intervalle, aber es wird alle 52 Jahre adjustiert und verändert sich dann. Am Anfang besteht es jedoch aus 360 Intervallen oder Tagen.
- Jede Jahreszeit im Mayajahr dauert 91,25 Tage. Die Pyramide des Kukulcán in Chichén Itzá auf Yucatán hat 91,25 Stufen. Entsprechend verwendeten die Maya-Architekten 90-Grad-Winkel beim Bau dieser Pyramide.
- Die Erde braucht 9.360 Mayastunden oder Intervalle, um die Sonne einmal zu umkreisen: Das ist das *Haab* oder die solare Zählweise. Dieser Summe müssen 130 Intervalle hinzugefügt werden (was 5 Tagen und Nächten entspricht, um den Kalender auf 365 zu adjustieren), zuzüglich weiterer 6,5 Stunden oder Intervalle im Schaltjahr. Insgesamt ergibt dies eine Adjustierungszeit von 9.496,5 Mayastunden.
- Unser Sonnensystem benötigt 9.490.000 Intervalle oder Jahre, um sich einmal vollständig um die Plejaden und deren Zentrum Alkyone zu drehen. Dies ist der große Kalender der Sonnen, der in der Mayasprache *Tzek'eb* heißt (wie Sie sich erinnern, ist Tzek'eb auch der Mayaname der Plejaden). Dieser Kalender umfasst einen Zyklus von 26.000 Jahren. Laut der mündlichen Überlieferung der Maya befinden wir uns in der fünften Sonne dieses großen Zyklus.
- Ein Lichtjahr entspricht 9.461.500.000.000 Kilometer. Dies ist die Strecke, die das Licht zurücklegt, während die Erde eine Umdrehung um die Sonne vollendet (*Pequeño Larousse*, Barcelona: Editorial Noguer, 1972, Seite 73). Und nun vergleichen

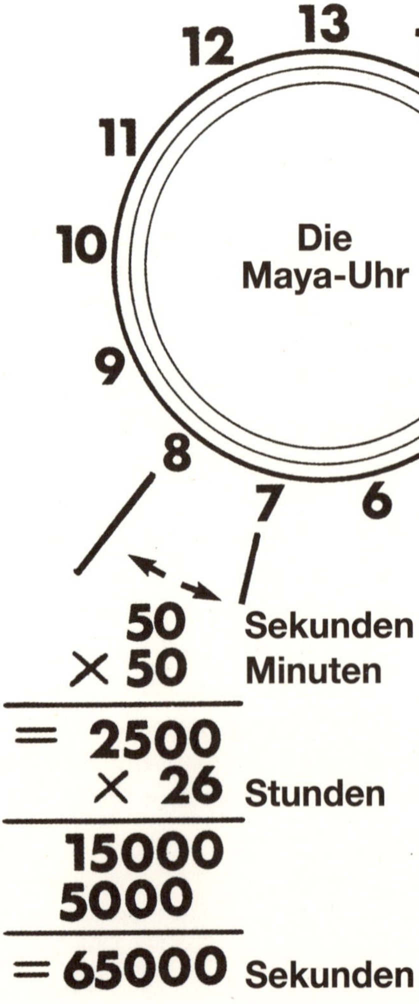

Abb. 5.2 Diese Abbildung dient unserem besseren Verständnis der Zeitmessung der Maya, denn sie zeigt, auf welche Weise die Mayazahlen in der Maya-Uhr verwendet werden. Alles, was wir bisher diesbezüglich gelernt haben, hilft uns, die in diesem Buch angestellten Untersuchungen der astronomischen Mayakalender zu verstehen.

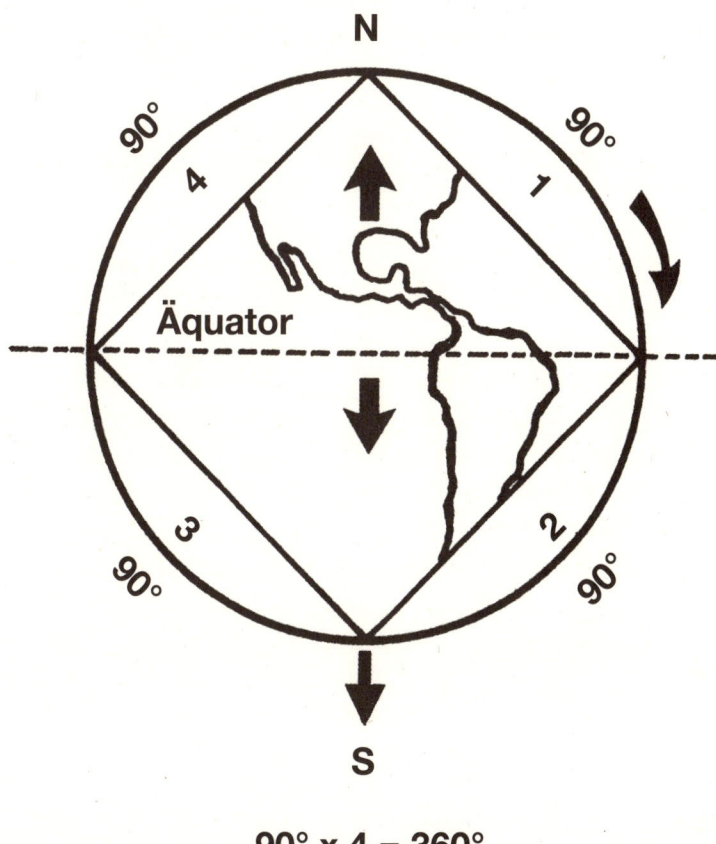

Abb. 5.3. Hier sehen wir wieder die geometrische Form Hunab K'us, des Trägers der Bewegung und des Maßes. Am Rand steht viermal die Zahl 90, die hier jeweils 90 Grad anzeigt. Die horizontale, diametrale Linie zeigt den Äquator und seine Lage auf dem amerikanischen Kontinent. Der obere und untere Endpunkt bezeichnen den Nord- und Südpol des terrestrischen Globus.

wir diese Zahl mit den 9.496.500.000.000 Maya-Kilometern – die Entfernung, die ein Lichtstrahl in der Zeit zurücklegt, die die Erde für eine Sonnenumdrehung braucht. Wir sollten einmal herausfinden, welche der beiden Zahlen korrekt ist – die der Maya oder die im *Pequeño Larousse* angegebene.

Die Uhr der Maya

Auf welche Weise teilten die Maya die Zeit ein, um sie begreiflicher zu machen? Zur Erklärung folgt hier eine Zeichnung der sogenannten Maya-Uhr. Auf Abbildung 5.2 sehen wir, dass eine unserer Stunden einer Mayastunde von 50 Minuten entspricht. Die Mayaminute hat 50 Sekunden und ein kompletter Zyklus von Tag und Nacht dauert 26 Mayastunden. Beachten Sie, dass die Multiplikation der Zahlen der Maya-Uhr mathematisch 65.000 ergibt. Die ersten beiden Zahlen sollten wir besonders aufmerksam betrachten – die Zahl 65, also ein Viertel der Zahl 260, ist die Zahl des Tzolk'in, des heiligen Mayakalenders.

360 Maya-Grad

Betrachten wir nun Abbildung 5.3. Wie Sie sehen, liebe Leser, ist dies eine weitere Darstellung des geometrischen und mathematischen Symbols Hunab K'us, des Gebers der Bewegung und des Maßes – hier in der Form von Gradeinteilungen. Man hat die Menschen seit langer Zeit gelehrt, dass die Einteilung des Kreises in 360 Grad ein Produkt der europäischen Kulturen sei. Diese Zeichnung beweist, dass die Maya diese Einteilung nicht nur kannten, sondern auch benutzten, und zwar viele Jahrtausende, bevor die Europäer sie in ihrer Mathematik verwendeten.

Sechs

Die synchronisierten
Kalender der Maya

Archäologen und Gelehrte neigten bisher dazu, das System der Mayakalender aus ihrer europäischen Perspektive zu betrachten. Ihre Auffassung der Zeit entspricht den europäischen Kalendern – der Schwerpunkt liegt auf der materiellen, linearen Wirklichkeit. Deshalb konnten sie sich letzten Endes überhaupt nicht erklären, warum die mittelamerikanischen Völker so viel Zeit damit verbrachten, die Zeit aufzuzeichnen!

Die Lösung dieses Rätsel ist, dass unsere Vorfahren gar nicht die Zeit aufgezeichnet haben, sondern die *Zeitmessung*. Die Mayaweisen verstanden die Zeit als endloses Netz von Zyklen innerhalb von Zyklen, die alle durch eine unendliche Spirale des ewigen Jetzt miteinander verbunden sind. Folglich spiegeln die Mayakalender vollendet proportionierte Zahlensysteme wider und dienten außerdem der Aufzeichnung der Harmonien, die sich nicht nur auf Raum und Zeit beziehen, sondern auch auf die Resonanzqualitäten Hunab K'us, des Seins und der Erfahrung.

Das Tzolk'in oder der Meisterkalender

Vertiefen wir uns nun in die Thematik des heiligen Tzolk'in, auch Kalender zur Schicksalsberechnung oder Weissagungskalender genannt, denn er veranschaulicht die Muster vergangener, gegenwärtiger und zukünftiger Geschehnisse. Dieser Kalender verbindet die Energie des Himmels mit der Erde, so dass sich alles, was oben geschieht, auch unten widerspiegelt. Die Menschen haben ihn seit mindestens 3.000 Jahren benutzt. Das Tzolk'in beruht nicht auf den Bewegungen der Sonne, der Erde oder irgendwelcher anderer Planeten in unserem Sonnensystem. Vielmehr ist er mit der Bewegung der Energie und des Bewusstseins in unserer Galaxis synchronisiert – mit Hunab K'u. Deshalb ergeben sich aus dem Tzolk'in alle anderen Zyklen von Sternen, Planeten und so weiter. Unsere Maya-Vorfahren glaubten, dass es möglich ist, in spiritueller Harmonie mit der Natur und allem Lebendigen zu leben, wenn man sich nach dem Tzolk'in ausrichtet.

Die alten Maya benutzten mehr als siebzehn verschiedene Kalender, die alle mit dem Tzolk'in, dem Meisterkalender, synchronisiert waren. Dieser umfasst sämtliche numerischen Muster, denen man in den anderen Kalendern begegnet. Tatsächlich wurde in der Welt der alten Maya die spirituelle Meisterschaft an der Anzahl der Kalender gemessen, die jemand beherrschte. Obwohl wir nie genau wissen werden, wie viele Kalender die Maya wirklich benutzten, weil Diego de Landa die Mayakodizes zerstörte, steht fest, dass sie alle mit diesem heiligen Kalender synchronisiert waren, denn er ist seiner eigentlichen Natur nach ein Spiegel Hunab K'us.

Meinen eigenen Untersuchungen zufolge funktioniert das Tzolk'in als mathematischer Synchronisierungsschlüssel zum Verständnis der Zeit und der Naturgesetze – darunter auch derjenigen, die sich auf die Menschheit beziehen. Es besteht aus den Zahlen 13 und 20, die miteinander multipliziert 260 ergeben. Diese Zahl kann Tage, Intervalle, Grade und vieles mehr darstellen. Das Tzolk'in ist vierteilig und bildet somit einen wichtigen Teil des Haab, des Alltagskalenders der Maya, da beide Kalender den gleichen Zeitraum umfassen. Um das Haab richtig zu verstehen, muss man also auch über das Tzolk'in verfügen. Das Tzolk'in war sehr wichtig für die Riten der Maya, denn diese mussten zu mathematisch genau festgelegten Zeitpunkten stattfinden. Die alten Mayapriester mussten nicht nur alle Voraussagen dieses Kalenders genau kennen, sondern sie auch korrekt umsetzen, und zwar nicht nur in Bezug auf Menschen. Ein Priester musste natürlich ein Neugeborenes taufen, ihm einen Namen geben und sein Schicksal nach den Angaben des heiligen Tzolk'in interpretieren können. Doch er musste das Tzolk'in auch in Bezug auf die Natur und den Kosmos richtig interpretieren können, damit die Menschen mit der Natur im Einklang leben konnten.

Das Tzolk'in misst auch die Mayastunden, zum Beispiel die 13 Stunden des Tages und die 13 Stunden der Nacht – eine Summe von 26 Stunden. Multipliziert man diese Stunden mit 10, ergeben sie 260 Mayastunden. Erinnern wir uns daran, dass der Mayamonat 20 Tage hat, was bedeutet, dass ein Mayamonat aus 520 Stunden besteht. Unsere mittelamerikanische Kultur betrachtet alles paarweise beziehungsweise dualistisch, und zwei Mayamonate ergeben 40 Tage. Diese 40 Tage beinhalten 1040 Stunden oder Intervalle. Die Zahl 1.040 wird seit vielen Jahren von konventionellen Gelehrten benutzt, aber bis jetzt hat kein Gelehrter die Schlussfolgerung daraus gezogen, auf die ich nun gekommen bin – dass sich diese Zahl auf Stunden beziehungsweise Intervalle bezieht.

Das Tzolk'in tauchte auch in den Kulturen anderer mittelamerikanischer Völker auf, zum Beispiel bei den Nahua im Gebiet um das heutige Mexiko Stadt. Ihr Name für diesen heiligen Kalender war Tonalamatl, doch heute ist er als sogenannter Aztekenkalender bekannt (siehe Abbildung 6.1.) Man kann ihn im Nationalmuseum für Anthropologie und Zeitgeschichte in Mexiko Stadt besichtigen. Das Volk der Nahua benutzte diesen heiligen Kalender wahrscheinlich auf ähnliche Weise wie wir Maya. Auf dem Tonalamatl sieht man die 13 Markierungen

138   Die heilige Kultur der Maya

13 x 20 = 260

Abb. 6.1. Diese Zeichnung stammt aus dem Aztekenkalender, auch Stein der Sonne genannt. Das Original befindet sich im Nationalmuseum für Anthropologie in Mexiko Stadt. Der steinerne Kalender wiegt 22 Tonnen und ist 3,70 m x 3,90 m groß. Wie man auf der Abbildung sieht, befinden sich im oberen Rechteck 13 Intervalle und im Kreis 20 Intervalle. Die Gravuren sind Hieroglyphen des Nahua-Volkes. Multiplizieren wir die beiden Zahlen, 13 x 20 = 260, dann ist das Resultat ein neuer Anzeiger für Tage, Intervalle, Grade und so weiter. Dies beweist, dass Maya und Nahua den gleichen heiligen Kalender benutzten.

und die 20 Glyphen, welche die Tage des Nahua-Monats symbolisieren (13 x 20 = 260). Diese beiden heiligen Kalender, das Tzolk'in und das Tonalamatl, sind in Wahrheit ein und derselbe Kalender, und der war, wie den Eingeborenenvölkern wohl bekannt ist, für alle mittelamerikanischen Völker von höchster Bedeutung. Höchstwahrscheinlich benutzten auch andere Völker wie die Inka und die Aymara denselben Kalender, wenngleich unter anderen Namen in ihren jeweiligen Sprachen.

Das Haab

Das Haab beruht auf den Zyklen der Erde und hat 360 solare Tage. Darum wurde es vom Mayavolk im Alltag und für die Landwirtschaft verwendet. Das Haab benutzt 18 Monate zu je 20 Tagen. Erinnern wir uns an unsere Erörterung im zweiten Kapitel über den Baum des Lebens und seine Wichtigkeit für die Maya und alle Eingeborenenvölker Mittelamerikas. Das Wacah Chan, das Zentrum der Galaxis, ist durch den Baum des Lebens mit der Erde und der Unterwelt verbunden. Das Haab ist das Wurzelsystem des Baums des Lebens, während das heilige Tzolk'in die Baumkrone ist und eine kontinuierliche, harmonische, universale Frequenz ausstrahlt. Darum können das Haab und das Tzolk'in nicht einzeln benutzt werden. Die Äste des Baumes mögen abgeschnitten werden, und dann werden neue wachsen, was in vorangegangenen, dunklen Zyklen auch geschehen ist. Wenn aber die Wurzeln abgeschnitten werden, dann stirbt der Baum des Lebens. Wenn wir mit beiden Zyklen arbeiten – mit dem Haab und mit dem Tzolk'in –, dann verbinden wir Geist und Körper miteinander. Wir überbrücken den Abgrund zwischen Mikrokosmos und Makrokosmos und erschaffen so unsere Wirklichkeit.

Nun wollen wir im Einzelnen erörtern, auf welche Weise das Haab und das Tzolk'in miteinander synchron laufen. Betrachten wir Abbildung 6.3: Der obere Kreis ist das Tzolk'in und der untere ist das Haab. Die beiden Scheiben können sich vorwärts- oder rückwärtsdrehen, und auf diese Weise kann man die Jahre der Vergangenheit oder die der Zukunft berechnen. Beachten Sie, dass das Tzolk'in, der kleinere Kreis, 13 und 20 Einteilungen hat. Das Haab, der größere Kreis, hat dagegen 18 und 20 Einteilungen. Multiplizieren wir die Zahlen des Tzolk'in, erhalten wir $13 \times 20 = 260$. Die gleiche Multiplikation des Haab ergibt $18 \times 20 = 360$. Zählen wir zur Zahl 360 des Haab die Zahl 5 hinzu (siehe Seite 142), zuzüglich 0,25 (um das Schaltjahr zu berücksichtigen, durch das alle vier Jahre ein Tag hinzukommt), dann erhalten wir 365,25. Diese Zahl repräsentiert 365,25 Tage. Auf diese Weise erhalten wir ein Mayajahr, das einem Jahr des gregorianischen und julianischen Kalenders entspricht.

Als der Archäologe J. Eric S. Thompson den Haab in seiner Theorie der Mayakalender erörterte, schrieb er, dass diesem Kalender fünf Tage fehlten. Diese Behauptung ist falsch, denn die Maya korrigierten ihren Kalender alle 52 Jahre, um diese fünf fehlenden Tage auszugleichen. Die Maya waren daran gewöhnt, ihre astronomischen Kalender über viele Jahre hinweg zu benutzen, und korrigierten sie in Zyklen, die auf den Zahlen 13, 52, 104, 260, 520, 1.040 und so weiter beruhten. Vielleicht wurden diese numerischen Zyklen auch in mikrokosmischen mathematischen Forschungen sowie in makrokosmischen Analysen der Zeit benutzt. Ein Beispiel dafür ist die Maya-Uhr auf Abbildung 5.2 im vorangegangenen Kapitel, deren vereinfachtes Resultat, die Zahl 65, ein Viertel des gesamten Tzolk'in darstellt.

Untersuchen wir ein weiteres Beispiel dafür, wie die Maya mit Hilfe der Zahl 13, einer Schlüsselzahl im Tzolk'in, ihre astronomischen Kalender manipulierten, um sie mit dem Haab

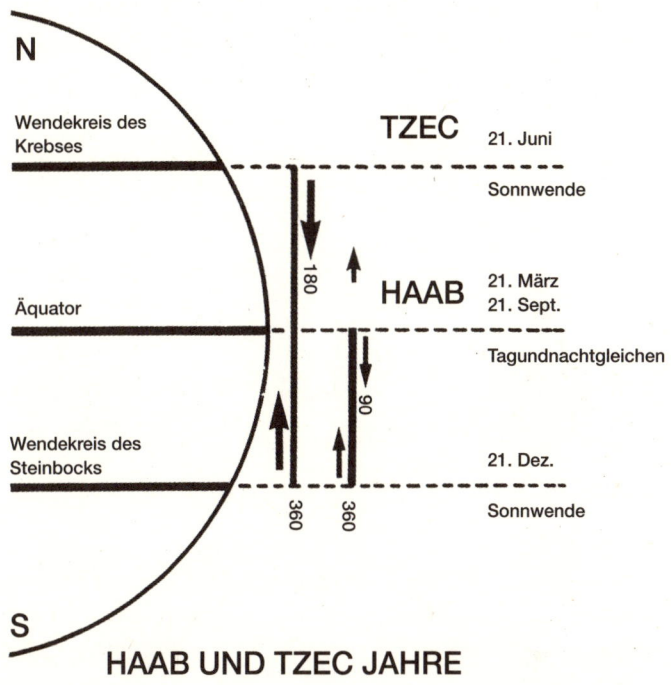

Abb. 6.2. Die Maya verfolgten die Sonnwenden und Tagundnachtgleichen mit Hilfe des Haab. Der spanische Mönch Diego de Landa schrieb, dass ihm die Maya auf Yucatán das Datum ihres Jahresbeginns nannten und dass er versuchte, dieses Datum mit dem gregorianischen Kalender in Einklang zu bringen. Sie sagten ihm auch, dass sie noch andere Methoden kannten, um die Zeit zu messen, aber leider begriff Bruder Landa die Zeitmessmethode der Maya überhaupt nicht.

142   Die heilige Kultur der Maya

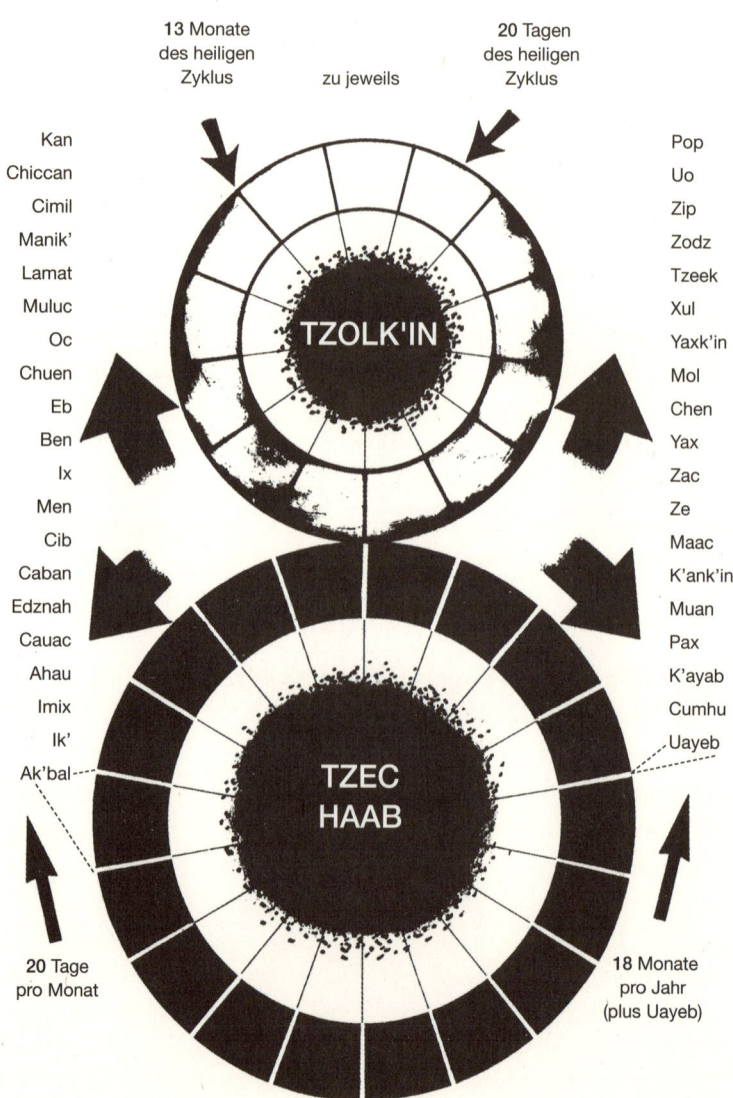

zu synchronisieren. Innerhalb von 52 Jahren gibt es im Haab 13 Schalttage. Alle 52 Jahren richten sich die sieben Sterne der Plejaden an einem bestimmten Ort am Himmel aus, den die Maya vorausberechnet hatten. Sie feierten dieses Ereignis, das sie das neue Feuer nannten. Auf diese Weise funktioniert die Zahl 13 bei der Arbeit mit den astronomischen Kalendern der Maya als magische, kosmische Zahl.

Der Tzolk'in und der Haab Kalender werden alle 52 Jahre mathematisch miteinander synchronisiert. Zum Beispiel:

13 Jahre   x 4 Zyklen   = 52 Jahre
360 Tage   x 13 Jahre   = 4.680 Tage
4 Zyklen   x 4.680 Tage   = 18.720 Tage (oder 52 Jahre)
Jedes Jahr hat 5 zusätzliche Tage x 52 = 260 Tage
In 52 Jahren gibt es 13 Schalttage
Endsumme: 18.720 + 260 + 13 = 18.993 Tage: genau 52 Jahre

Das Tunben K'ak' oder der Zyklus der Plejaden

Alle Eingeborenenvölker in ganz Mittelamerika hatten unverrückbare Erinnerungen an Bewohner der Plejaden, die einst auf die Erde kamen, um die vier Hauptrassen zu unterrichten und mit diesen zu arbeiten – mit dem roten, schwarzen, gelben und wei-

Abb. 6.3. Eine dieser Scheiben stellt den Tzolk'in dar, die andere das Haab. Sie kreisen sowohl in die Vergangenheit als auch in die Zukunft. Zum Beispiel entsprechen 73 Umdrehungen des Tzolk'in 52 Umdrehungen des Tzec oder Haab. Das bedeutet, dass diese beiden Kalender alle 52 Jahren neu miteinander synchronisiert wurden, und in diesem Moment entstand dann jeweils ein neuer Kalender von 52 Jahren. Dieser Kalender heißt Tunben K'ak'.

ßen Maisvolk, von dem in der Einführung dieses Buches die Rede war. Als sie wieder aufbrachen, um zu ihrer Heimat zwischen den Sternen zurückzukehren, hinterließen sie den Menschen vier Geschenke: einen heiligen Beutel, eine Metallkrone, die wie eine Blume aussah, einen Samen des Lichts und einen Samen der Zeit – die Mayakalender. Diese vier großen Geschenke vereinen das Mayavolk und geben ihm Kraft und Inspiration.

Mit Hilfe ihrer sehr präzisen astronomischen Beobachtungsmethode legten die Maya den Zyklus des Tunben K'ak' fest: das neue Feuer, das alle 52 Jahre gefeiert wird und sich nach einem der kleineren Plejadenzyklen richtet. Das Nahua-Volk nannte denselben Zyklus Xiohmilpilli, und auf Spanisch heißt er *Fuego Nuevo* (»neues Feuer«). Dieser Erdenkalender, der den Plejadenzyklus von 52 Jahren markiert, hängt sowohl mit dem Tzolk'in als auch mit dem Haab zusammen. Am Ende eines jeden Kalenderzyklus des Tunben K'ak' wurde die Zeremonie des neuen Feuers gefeiert. Sämtliche Feuer des Dorfes wurden, begleitet von rituellem Fasten und Gebeten, in der Nacht gelöscht. Wenn am nächsten Morgen die Sonne aufging, brachte man den Göttern Geschenke dar und die Priester entzündeten ein neues Feuer, das sie durchs ganze Dorf trugen, um die erloschenen Herdfeuer wieder anzuzünden.

Der Archäologe J. Eric S. Thompson bezeichnete die Zahl 18.720 als Anzahl der Tage, die man zur Synchronisierung des Tzolk'in und Haab Kalenders benutzte, aber er verstand nicht, wie die Angleichung der Kalenderzyklen funktionierte. Dies wollen wir in den folgenden zwei Punkten näher erläutern:

1. Die Zahl 260 repräsentiert die zusätzlichen Tage, die sich alle 52 Jahre anhäufen. Hier sieht man, mit welcher Meisterschaft die Maya Mathematik benutzten. Die Zahl 260 bezieht sich auf das Tzolk'in, den heiligen Kalender, der alle anderen Kalender miteinander synchronisiert.

2. Alle 52 Jahre müssen 13 Schalttage berechnet werden, damit der Kalender mathematisch korrekt bleibt.

Folglich kehrt alle 52 Haabs und alle 73 Tzolk'ins (18.980 Tage) die ursprüngliche Kombination der Tagespositionen wieder, und die beiden Zählsysteme sind erneut in ihrer jeweiligen Ausgangsposition. Die Gleichung sieht folgendermaßen aus: 18.720 + 260 + 13 = 18.993 Tage in einem 52-jährigen Zyklus des Tunben K'ak', kombiniert mit dem Haab Kalender von 52 Jahren. Auf diese Weise haben die Maya ihre astronomischen Kalender nachgestellt.

Die folgende Analyse verdeutlicht die eben erfolgte Erklärung des 52-Jahre-Zyklus der Maya unter Ergänzung des Aspekts jener Dualität, über die wir im vergangenen Kapitel gesprochen haben.

52 Jahre   x 2 Zyklen = 104 Jahre
18.720 Tage   x 2 Zyklen = 37.440 Tage (oder 104 Jahre)
260 Tage   x 2 Zyklen = 520 Tage
13 Schalttage   x 2 Zyklen = 26 Schalttage
Insgesamt: 37.440 + 520 + 26 = 37.986 Tage: genau 104 Jahre

Man kann die obigen Zahlen als mathematische Schlüssel zum Verständnis der astronomischen Kalender der Maya benutzen:

1. Zeile: Im europäischen Denken wird der Kreis innerhalb des Quadrats durch die Zahl 100 dargestellt. Für die Maya wird der Kreis innerhalb des Quadrats – die Geometrie Hunab K'us – durch die Zahl 104 dargestellt. Diese Zahl ist der Schlüssel zur Sozialordnung der Maya: »Wie oben, so unten«.
2. Zeile: Damit die Summe 37.440 genau 104 Jahre ergibt, müssen wir 520 weitere Tage hinzufügen sowie außerdem

noch 26 Schalttage. Die Endsumme ist 37.440 + 520 + 26 = 37.986 Tage.

3. Zeile: Beachten Sie, dass die Zahl 520 genau das Doppelte der Zahl des Tzolk'in ist. Dies ist die andere Schlüsselzahl zum Verständnis der astronomischen Kalender der Maya.

4. Zeile: Hier begegnen wir der Zahl 26 erneut und müssen noch einmal zu den Grundlagen zurückkehren (siehe Abbildung 4.2 im vierten Kapitel), um die Mathematik und die Kalender der Maya zu verstehen. Beachten Sie, dass auf der Maya-Uhr auf Abbildung 5.2 im vorigen Kapitel die Zahl 26 die Stunden angibt. In der vierten Zeile der obigen Aufstellung bezeichnet sie die Schalttage. Folglich ist die Zahl 26 ebenfalls eine Schlüsselzahl zum Verständnis der astronomischen Kalender der Maya.

Das Tun Uc

Wir kommen nun zum Tun Uc, einem Mondkalender, der den 28-tägigen Mondzyklus der Frau widerspiegelt. Die Mayakultur lehrt uns, dass Frauen eine enge Beziehung zum Mond haben und mit ihm verbunden sind. Ihre Mondrituale begannen in der Pubertät und setzten sich das ganze Leben lang fort. An bestimmten Orten, wie zum Beispiel im Mayatempel von Uxmal auf Yucatán, feierten die Mayafrauen in bestimmten Nächten des lunaren Tun Uc ihre monatlichen Rituale im Mondlicht. Männern war es streng verboten, an diesen Zeremonien teilzunehmen, denn in ganz Mittelamerika waren Frauen eng mit dem Mond verbunden, während Männer mit der Sonne verbunden waren – ein weiteres Beispiel für den Dualismus in der mittelamerikanischen Kultur. Wir verweisen erneut darauf, dass das Wort *Uc* den Mond bedeutet und auch als die Zahl 7 verstanden wird. Die Maya glaubten, dass zwischen den Menschen (egal ob Frauen oder Männer), der Zahl 7 und dem Mond eine enge Beziehung bestand.

Das Tun Uc besteht aus 28-tägigen Monaten, wobei jeder Monat aus vier Zyklen von je 7 Tagen besteht und jedes Jahr 13 Monate hat. Die Summe davon ist: 28 x 13 = 364 Tage. Die Pyramide des Kukulcán macht auch den Mondkalender sichtbar. Wie Sie auf Abbildung 3.4 im vierten Kapitel gesehen haben, hat diese Pyramide einundneunzig Stufen. Multipliziert man die Zahl 91 mit 4, ergibt das 364, und das ist dieselbe Summe wie bei der vorherigen Rechnung: 28 x 13 = 364.

Wir wollen nun einen Forscher zitieren, der ein wirklich umfassendes Wissen um die Gesetze des Mondes besitzt und dessen Schriften unserer Mayakultur und dem Mondkalender vieles zu bieten haben. Der Psychiater Arnold L. Lieber erläutert in seinem Buch *Der Mondeffekt – Einflüsse auf den Menschen* und in seinen anderen Büchern zum selben Thema, wie wichtig der Mond sowohl für die menschliche Gesellschaft als auch für die Natur ist:

> Die Relevanz des Stressfaktors wurde von dem Biologen Harry Rounds an der staatlichen Universität von Wichita untersucht. Ihn interessierten vom Mond beeinflusste Verhaltensweisen, und er erforschte die Blutzusammensetzung von Kakerlaken. Dabei stellte er fest, dass die Veränderungen in der Zusammensetzung ihres Blutes eng mit den Mondphasen zusammenhingen. Er war fasziniert und beschloss, das Thema weiter zu verfolgen. Er verglich das Blut von Kakerlaken, Mäusen und Menschen und entdeckte Chemikalien, die schnellere Herzschläge erzeugten. Da der Herzschlag ein so grundlegender Faktor ist, teilte der Biologe seine Testobjekte in zwei Kategorien – diejenigen, die unter Stress standen,

und diejenigen, die nicht unter Stress standen. Die Herzbeschleunigungsfaktoren im Blut der gestressten Tiere erhöhten sich kurz nach dem Vollmond und Neumond beträchtlich. Im Gegensatz dazu fanden sich die herzbeschleunigenden Faktoren im Blut der nicht gestressten Tiere nur dann, wenn eben diese Faktoren auch im Blut der gestressten Tiere einen Höhepunkt erreichten. Unmittelbar nach dem Höhepunkt der Blutaktivität der gestressten Tiere fiel die Blutaktivität der nicht gestressten Tiere unfehlbar auf Null ab.

Warum verlangsamt sich der Herzschlag der Kakerlaken nach dem Vollmond und Neumond? Warum schlagen die Herzen von Menschen und Mäusen in diesen Zeiträumen schneller? Mr. Round nimmt an, dass dies an einer Veränderung im elektromagnetischen Feld der Erde liegt, die durch den Mond bewirkt wird.

Die Maya synchronisierten ihr Tun Uc alle 52 Jahre mit der Pyramide des Kukulcán, und zwar nach einem kontinuierlichen System, zu dem auch das Tzolk'in gehörte.

Der Tzolk'in Kalender und das Tun Uc oder der Mondkalender werden alle 52 Jahre mathematisch miteinander synchronisiert. Zum Beispiel:

13 Jahre x 4 Zyklen = 52 Jahre
364 Tage x 52 Jahre = 18.928 Tage (oder 52 Jahre)
1 zusätzlicher Tag pro Jahr x 52 Jahre = 52 Tage
Es gibt 13 Schalttage in 52 Jahren
Insgesamt: 18.928 + 52 + 13 = 18.993 Tage: genau 52 Jahre

Hier sehen wir die Gleichung 18.928 Tage + 52 Tage + 13 Schalttage = 18.993 Tage als die 52 Jahre des neuen Feuers beziehungsweise des Tunben K'ak' der Maya, kombiniert mit einem Mondzyklus von 52 Jahren.

Das K'altun

Nun kommen wir zum Plejadenkalender, der K'altun oder Rad des Katun genannt wird. Ein Katun ist eine Anzahl von 20 Tun (das Wort *tun* bedeutet »Rad«), was 19,71 Sonnenjahre ergibt, also etwas weniger als 20 europäische Kalenderjahre. Dieser Kalender führt uns durch das große Sonnenjahr von 26.000 Jahren der Plejaden. Er umfasst 260 Jahre und besteht aus 13 Zyklen von je 20 Jahren, also 20 x 13 = 260 Jahren – das ist ein vollständiges K'altun. Die Abbildung 6.4 zeigt diesen Mayakalender. Laut dem amerikanischen Archäologen Sylvanus Morley (1883–1948), dessen veröffentlichte Schriften über das Kalendersystem der Maya oft von eurozentrischen Gelehrten zitiert werden, besteht der K'altun-Zyklus aus 19,77 Jahren. Aber Morley hatte unrecht. Wir werden nun sehen, wie die Maya diesen Kalender in Wirklichkeit mathematisch verstanden.

Zunächst wollen wir feststellen, wie viele Tage ein 260-jähriger K'altun-Zyklus hat.

1. Ein Jahr hat 365 Tage x 20 Jahre des K'altun
   7.300 Tage

2. Tage des K'altun: 7.300 Tage x 13 Zyklen
   94.900 Tage oder
   260 Jahre des K'altun

3. Ein K'altun hat 5 Schalttage x 13 Zyklen von 20 Jahren

In 260 Jahren gibt es 65 Schalttage

4. Ein K'altun hat 94.900 Tage + 65 Schalttage
   94.965 Tage

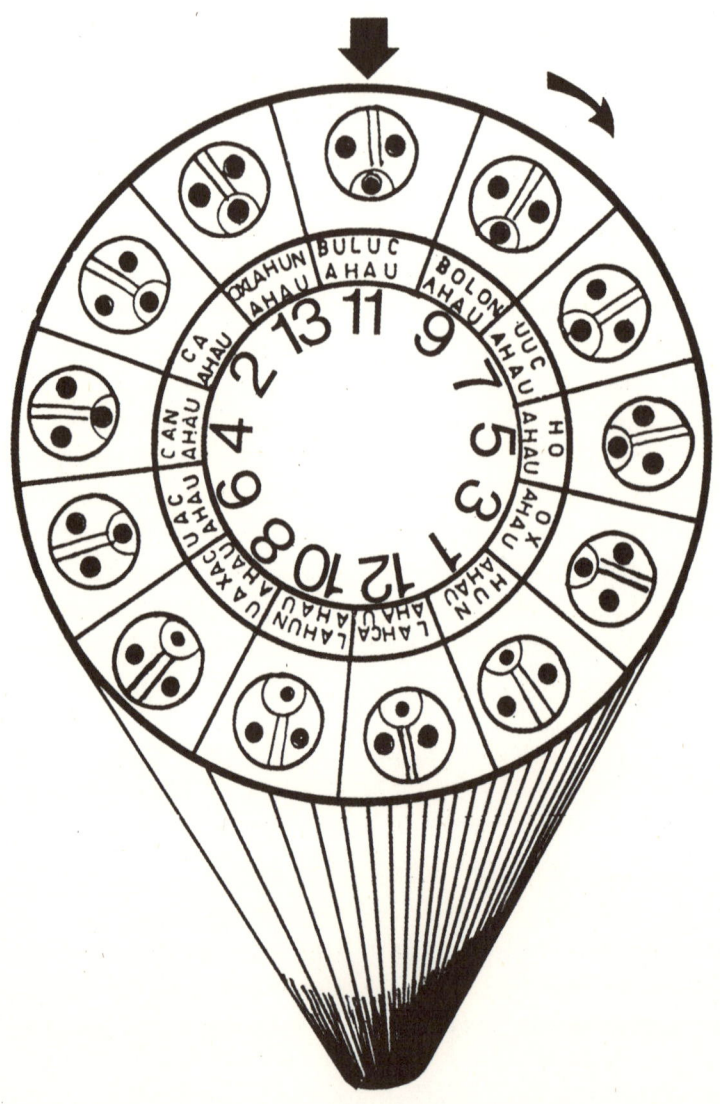

Abb. 6.4. Das K'altun oder Rad des Katun der Maya besteht aus 13 Zyklen von je 20 Jahren, was insgesamt 260 Jahre oder 94.900 Tage ergibt, plus 65 Schalttage: eine Gesamtsumme von 94.965 Tagen.

Der K'altun-Zyklus von 260 Jahren ist der Schlüssel zum Verständnis des großen Musters, das hinter den Kalendern steckt, und zwar aus folgendem Grund: Aufgrund des dualistischen Prinzips fügt man den 260 Jahren weitere 260 Jahre hinzu, was 520 Jahre ergibt. Jeder Zeitraum von 520 Jahren hieß Tun K'aba (davon werden wir im nächsten Kapitel sprechen). Die Wahrheit, liebe Leser, ist, dass die Erforscher der Mayakultur, die sogenannten Maya-Spezialisten, die meist nicht einmal die Grundlagen der Mayakalender begriffen haben, den Begriff des Tun K'aba für den Zeitraum von 520 Jahren üblicherweise gar nicht anerkennen. Wenn wir aber wiederum das Konzept des Dualismus auf das Tun K'aba anwenden, also auf den Zyklus von 520 Jahren, dann erhalten wir eine neue Summe: 1.040 Jahre. Die Europäer zählen in Jahrtausenden, in Schritten von je 1.000 Jahren. Doch die Maya benutzen die Zahl 1.040 als Schlüssel zum Zählen langer Zeiträume (siehe Abbildung 6.5). Insofern ist die Zahl 1.040, oder 4 x 260, ein weiterer Schlüssel zum Verständnis des »großen Jahres« der Maya (einem Zyklus von 26.000 Jahren).

Das Tzek'eb

Bevor wir unsere Erörterung des Tzek'eb oder des großen Kalenders der Sonnen beginnen, des großen Plejadenkalenders mit seinen drei Berechnungsmethoden, wollen wir zunächst einige wichtige Aussagen des Popol Vuh betrachten:

> Sofort trocknete die Erdoberfläche, wegen der Sonne. Die Sonne manifestierte sich und erschien wie ein Mensch, und sein Gesicht brannte, als er die Oberfläche der Erde trocknete. Bevor die Sonne erschien, war die Erdoberfläche feucht und

152 Die heilige Kultur der Maya

schlammig, aber die Sonne erhob sich und ging wie ein Mensch (siehe viertes Kapitel, Abbildung 4.2). Aber man konnte seine Hitze nicht ertragen. Er manifestierte sich nur, als er geboren wurde, und dann wurde er so bewegungslos wie ein Spiegel. Er war mit Sicherheit nicht dieselbe Sonne, die wir sehen, so wie es in den Sonnenlegenden gesagt wird.

Wir wollen einen Moment bei einigen dieser wichtigen Aussagen verweilen: *Bevor die Sonne erschien, war die Erdoberfläche feucht und schlammig ... Er war mit Sicherheit nicht dieselbe Sonne, die wir sehen.* Dies sagt uns, dass die Sonne, die wir sehen, unsere

Abb. 6.5. Dies ist eine der wichtigsten Abbildungen in diesem Buch. Wie man sieht, repräsentiert die Scheibe mit den neun Zähnen ein Mayajahr, und zwar das Jahr des Haab Kalenders. Alle neun Zähne am Außenrand der Scheibe sind jeweils in zwei Intervalle aufgeteilt. Diese Intervalle repräsentieren die 18 Monate des Haab-Jahres.
Auf dem Teil der Abbildung, der außerhalb der Scheibe ist, sieht man ziemlich weit unten die Zahl 1.040 sowie die Zahl 1, bezeichnet durch einen Pfeil. Diese Zahl 1 ist eine von neun Zahlen auf der gezähnten Scheibe. Durch Multiplizieren erhalten wir folgende Gleichung: 9 x 1.040 = 9.360: die Anzahl der Mayastunden innerhalb eines Haab-Jahres. Wenn man 130 Stunden hinzuzählt (siehe unten: dies entspricht fünf Tagen und Nächten, um den Kalender auf 365 zu bringen), plus weitere 6,5 Stunden (siehe unten: eine Notwendigkeit, um das Schaltjahr der Maya zu adjustieren), dann erhält man folgende Gleichung: 9.360 + 130 + 6,5 = 9.496,5. Dies ist die exakte Anzahl der Mayastunden innerhalb eines Haab-Jahres. Hier folgt eine Zusammenfassung dessen, was wir aus der Sicht der Mayakultur aus den Zahlen dieser gezähnten Scheibe ableiten können:
   26 Stunden pro Tag und Nacht
  260 Stunden entsprechen zehn Tagen und Nächten
  520 Stunden entsprechen den zwanzig Tagen des Mayamonats
1.040 Stunden entsprechen zwei Mayamonaten
  130 Stunden entsprechen fünf Tagen und Nächten, um den Kalender auf 365 Tage zu adjustieren
  6,5 Stunden werden benötigt, um das Maya-Schaltjahr zu adjustieren.

Sonne, eine andere Sonne ist und dass die Maya von einer Sonne wussten, die später zu einer anderen Sonne wurde. Das bezieht sich auf das Ende eines Sonnenzyklus und den Beginn eines neuen. Zweifellos beschreibt dieser Text Veränderungen auf kosmischer Ebene, die sich mit Sicherheit auch auf die Erde auswirkten. Und zweifellos wurden diese kosmischen Veränderungen von den Maya in ihren berühmten astronomischen Kalendern festgehalten, die sowohl vorwärts als auch rückwärts blicken konnten, denn die Mayaweisen fertigten nach dieser Methode Aufzeichnungen sämtlicher astronomischer Phänomene an, die Mutter Erde beeinflussten. Aus diesem Grund ist es wichtig, etwas mehr über das Tzek'eb, den großen Sonnenkalender, zu lernen.

Nach eingehenden Forschungen und gründlicher Kontemplation haben wir begriffen, dass die Maya diesen Kalender dazu benutzten, ihre Sonnen im Auge zu behalten, weshalb er Tzek'eb heißt. Dieser Kalender bezieht sich auf die sieben Sterne oder Sonnen der Plejaden, die in der Maya-Überlieferung »die sieben Brüder meines Vaters Sonne« genannt werden. Erinnern wir uns daran, dass laut den Maya das Leben auf der Erde begann, als die Plejaden zum ersten Mal den Zenit erreichten. Deshalb widmeten die Maya einen ihrer Kalender, nämlich das Tzek'eb, den Plejaden.

Wir setzten unsere Suche in den Kodizes unserer Pyramiden fort und besuchten viele Orte Mittelamerikas – wir waren entschlossen, weitere Beweise für die weite Verbreitung dieses bestimmten Kalenders zu finden. Wir erinnerten uns an den Stein der Sonne und an die Lehren des Meisters Esteban Serieys, die im dritten Kapitel erwähnt wurden. Er sagte, dass dieser Nahuakalender Tonal Machiotl hieß, von *tonal* – »Sonnen« und *machiotl* – »Diagramm«, und dass dieser Name »Diagramm der Sonnen, die waren und sein werden« bedeutet. Auf dem Stein der Sonne befinden sich vier Hieroglyphen (siehe Abbildung 6.1).

Sie repräsentieren die vier Zeitalter, die die Erde durchlebt hat – Zeitalter, die die Indigenen Mittelamerikas, von denen die europäisierte Kultur so viel lernen könnte, im Stein festgehalten haben. Insofern hat Meister Serieys' Information unseren Weg erhellt. Aufgrund dieses Wissens waren wir quasi davon überzeugt, dass der Stein der Sonne ein kosmischer Indikator der großen Zyklen ist, die unser Sonnensystem durchlaufen hat – Zyklen, die tatsächlich von den Maya in ihren astronomischen Kalendern festgehalten wurden.

Natürlich wissen wir, dass die alten Maya-Astronomen mit den Plejaden vertraut waren, daher der Name Tzek'eb, der große Kalender der Sonnen. Laut den Maya umfasste dieser kosmische Kalender 26.000 Jahre und wurde dazu benutzt, die großen Sonnenzyklen zu verfolgen – insbesondere den Umlauf unseres Sonnensystems um Alkyone, den Zentralstern der Plejaden, einen riesengroßen Stern, der 1.400 Mal heller ist als unsere Sonne. Die Meisterastronomen der Maya wussten, dass unser Sonnensystem in Wahrheit zum Sternensystem der Plejaden gehört und dass unsere Sonne die siebte Umlaufbahn innerhalb dieses Systems innehat. Es ist bezeichnend, dass wir hier wieder der Zahl 7 begegnen, diesmal als Ausdruck des Verhältnisses zwischen unserem Sonnensystem und den Plejaden. Es gab also viele verschiedene Gründe dafür, dass sich die Maya »Kinder der Sonne« nannten, und nur einer davon hat mit unserer eigenen Sonne zu tun. Die Maya gehörten zu den ersten Völkern der Erde, die um diesen 26.000 Jahre dauernden Zyklus des großen Sonnenkalenders wussten und ihn zum Wohl der Menschheit benutzten. In unserer modernen Ära ist es unsere Pflicht, uns wieder mit diesem Kalender zu befassen und uns und die jüngeren Generationen wieder mit diesem Wissen vertraut zu machen.

Betrachten wir noch einmal kurz die Abbildung 6.5. Sie sehen darauf die Zahl 1.040, die sich auf die Mayastunden bezieht. Die

156 Die heilige Kultur der Maya

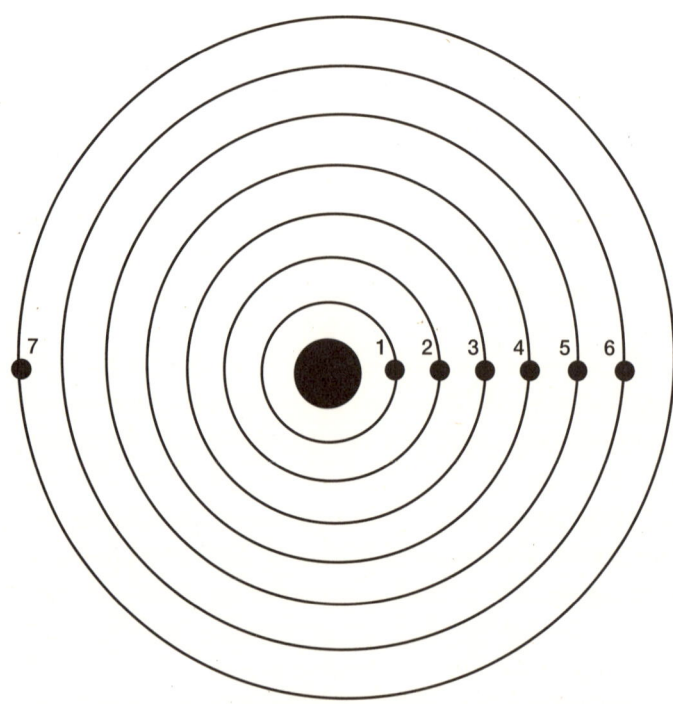

Alkyone (Zentrum)
1. Merope
2. Maia
3. Elektra
4. Taygeta
5. Kelaino
6. Atlas
7. Unser Sonnensystem

Abb. 6.6. Die Plejaden-Konstellation oder das Tzek'eb. Alkyone ist das Zentrum unseres Sternensystems. Mit anderen Worten: Unser Sonnensystem dreht sich alle 26.000 Jahre einmal um Alkyone, genau wie einige andere Sonnen, die natürlich jeweils ihren individuellen Umlaufzyklen folgen. Wir sind also ein Teil der Plejaden oder des Tzek'eb. Wie man auf dieser Abbildung sieht, befindet sich unser Sonnensystem auf der siebten Umlaufbahn der Plejaden.

Anzahl entspricht zwei Mayamonaten. Multipliziert man 1.040 Stunden (welche die dualen Mayamonate repräsentieren) mit 9, bekommt man die Gleichung 1.040 x 9 = 9.360 Stunden. Wenn man 130 weitere Stunden dazuzählt (für die 5 Tage und Nächte, die im 360-tägigen Jahreskalender fehlen) und noch die 6,5 Extrastunden für das Schaltjahr der Maya dazuaddiert, dann erhält man die folgende Gleichung: 9.360 + 130 + 6,5 = 9.496,5 Stunden. Dies ist die Anzahl der Stunden in einem Mayajahr.

Nun wollen wir ein Beispiel dafür betrachten, auf welche Weise das Haab und das Tzek'eb miteinander synchronisiert werden. Wenn wir 365 normale Tage mit den 26.000 Jahren im großen Jahr des Tzek'eb multiplizieren, erhalten wir folgende Gleichung: 26.000 x 365 = 9.490.000 Tage. Allerdings fehlen bei dieser Summe die Schalttage. Wir müssen also für die 26.000 Jahre 6.500 Schalttage dazuaddieren. Dies ergibt 9.490.000 + 6.500 = 9.496.500 Tage – die Anzahl der Tage in 26.000 Jahren.

Das Lexikon *El pequeño Larousse* definiert ein Lichtjahr als »die Distanz, die ein Lichtstrahl in einem Jahr reist und die 9.461.000.000.000 Kilometern entspricht«. In diesem Lexikon steht auch, dass der gregorianische und der julianische Kalender korrigiert werden müssen, damit sie nicht nachgehen. Betrachten wir nun die erste oben erwähnte Summe, nämlich die 9.496.500 Tage, die die Maya benutzten, um 26.000 Jahre anzuzeigen, und hängen wir sechs Nullen an diese Zahl. Dann haben wir 9.496.500.000.000, und dies ist unserer Meinung nach die korrekte Anzahl der Kilometer eines Lichtjahres. Dieses Jahr entspricht genau der Zeit, die die Erde für einen kompletten Umlauf um die Sonne braucht.

Die weisen Maya kombinierten den Haab Kalender mit dem Tzec Kalender, und sie benutzten das Tzek'eb zusammen mit den heiligem Tzolk'in. Auf diese Weise vereinigten sie viele Kalender miteinander. Weil die Mayaweisen begriffen, dass alles, was uns umgibt, eins ist, kam es ihnen in den Sinn, dass entsprechend auch alles in einer mathematischen, kosmischen Einheit strukturiert ist. Sie verstanden ihren Gott als den einzigen Geber von Bewegung und Maß und nannten ihn Hunab K'u, den heiligen Einen. Sie synchronisierten alle ihre Kalender miteinander, um Zyklen, Entfernungen und Dimensionen zu messen. Und sie schlossen die Sonne mit ein, die sie zum Vater Sonne erklärt hatten.

Doch vor allem, liebe Leser, enthüllen die Plejadenkalender, die wir im nächsten Kapitel weiter erörtern wollen, dass für die Maya die Zahl 7 eine Dimension besitzt, die uns beherrscht, ob wir dies nun wahrhaben wollen oder nicht. Und weil die Zahl 7 sowohl unseren Körper als auch den ganzen Kosmos beherrscht, zu dem wir ja ebenfalls gehören, wussten die Maya, wie man sich selbst in das kosmische Gesetz integriert, das alles beherrscht.

Sieben

Mathematische Methoden
zum Verständnis der
plejadischen Zyklen

Es gibt drei verschiedene mathematische Methoden, um die Zyklen der Plejaden und das Tzek'eb zu verstehen, jenen Mayakalender von 26.000 Jahren, von dem im vorigen Kapitel bereits die Rede war.

Laut den Informationen, die ich direkt aus der Überlieferung der Itzá-Maya empfing, begann der Tzek'eb Kalender am 21. März des Jahres 3373 v. Chr., als unsere Maya-Vorfahren die große Sonne Maia aus der Plejadenkonstellation über dem Horizont unserer Sonne beobachteten. Wir sollten erneut darauf hinweisen, dass in der Maya-Überlieferung unser Vater Sonne sieben Brüder hat. Zusammen bilden wir eine einzige, kosmische Familie, und das Maia-Sonnensystem ist eines der sieben Sonnensysteme der Plejaden.

Um die Zahlen besser zu verstehen, mit denen man es im Tzek'eb zu tun hat, betrachten Sie bitte das folgende Diagramm. Wie wir im sechsten Kapitel gesehen haben, führt uns der K'altun Kalender durch das große Sonnenjahr der Plejaden, das 26.000 Jahre lang dauert.

Aber in den Mayakalendern haben Jahre nicht nur Nummern, sondern auch Namen. Im Tzek'eb werden in jedem Zyklus von 520 Jahren jeweils vier Namen benutzt, die den Tagesnamen des Haab Kalenders entstammen. Alle 520 Jahre ändern sich diese vier Namen und werden durch vier andere Namen aus dem Haab ersetzt, und dies setzt sich immer weiter fort: Alle 520 Jahre ändern sich die Namen, bis man bei 26.000 Jahren angelangt ist.

Unten sehen Sie die Namen der Jahre innerhalb dieser 520-jährigen Zyklen. Wir möchten nochmals betonen, dass sich diese Zahl aufgrund der Dualität aus dem 260-jährigen K'altun ergibt. Die Namen in dieser Tabelle beginnen im Jahr 3373 v. Chr. und setzen sich bis zu unserer heutigen Zeit und darüber hinaus in die Zukunft fort. Die Tabelle zeigt 13 der insgesamt 50 Zyklen des Tzek'eb Kalenders.

DER TZEK'EB KALENDER
3373 v. Chr. setzt der Kalender ein

1.	Men	(nur dieser Zyklus hat 260 Jahre)	
	Chicchan		
	Ahau		Mayajahr 260
	Oc	3373 - 260 = 3113 v. Chr.	
2.	Cib		
	Cimil		
	Imix		260 + 520 = Mayajahr 780
	Chuen	3113 - 520 = 2593 v. Chr.	
3.	Caban		
	Manik'		
	Ik'		780 + 520 = Mayajahr 1300
	Eb	2593 - 520 = 2073 v. Chr.	
4.	Edznah		
	Lamat		
	Ak'bal		1300 + 520 = Mayajahr 1820
	Ben	2073 - 520 = 1553 v. Chr.	
5.	Cauac		
	Muluc		
	Kan		1820 + 520 = Mayajahr 2340
	Ix	1553 - 520 = 1033 v. Chr.	

6.	Ahau	
	Oc	
	Chicchan	2340 + 520 = Mayajahr 2860
	Men	1033 - 520 = 513 v. Chr.
7.	Imix	
	Chuen	
	Cimil	2860 + 520 = Mayajahr 3380
	Cib	513 - 520 = 7 n. Chr.
8.	Ik'	
	Eb	
	Manik'	3380 + 520 = Mayajahr 3900
	Caban	7 + 520 = 527 n. Chr.
9.	Ak'bal	
	Ben	
	Lamat	3900 + 520 = Mayajahr 4420
	Edznah	527 + 520 = 1047 n. Chr.
10.	Kan	
	Ix	
	Muluc	4420 + 520 = Mayajahr 4940
	Cauac	1047 + 520 = 1567 n. Chr.
11.	Chicchan	
	Men	
	Oc	4940 + 520 = Mayajahr 5460
	Ahau	1567 + 520 = 2087 n. Chr.
12.	Cimil	
	Cib	
	Chuen	5460 + 520 = Mayajahr 5980
	Imix	2087 + 520 = 2607 n. Chr.
13.	Manik'	
	Caban	
	Eb	5980 + 520 = Mayajahr 6500
	Ik'	2607 + 520 = 3127 n. Chr.

Unser augenblickliches Jahr 2011 ist im Zyklus Nummer 11 aufgeführt. Genau wie alle anderen dauert auch unser augenblicklicher Zyklus 520 Jahre. Er begann im Jahr 1567 und wird im Jahr 2087 enden. Die vier Namen unseres aktuellen Zyklus sind Chicchan, Men, Oc und Ahau. Sie müssen genau in dieser Reihenfolge benutzt werden, angefangen mit dem ersten, und danach in einer ständigen Wiederholung derselben Vierersequenz, immer in derselben Reihenfolge, bis die 520 Jahre um sind. Danach wird man vier andere Namen benutzen, und dieses Muster setzt sich immer weiter fort, bis ein weiterer großer Solarzyklus der Plejaden vollendet sein wird – nach 26.000 Jahren, wie wir inzwischen wissen, denn so lange dauert es, bis unser Sonnensystem mit all seinen Planeten sich einmal komplett um Alkyone gedreht hat.

In Zyklus 13 werden die Mayanamen Manik', Caban, Eb und Ik' verwendet. Der dreizehnte Zyklus vollendet ein Viertel (6.500 Jahre) des 26.000-jährigen Tzek'eb Kalenders.

Es gibt die folgenden drei Methoden, um den Tzek'eb Kalender zu berechnen. Zwei davon werden wir weiter unten näher betrachten.

6.500 Jahre x 4 Zyklen   = 26.000 Jahre
2.600 Jahre x 10 Zyklen = 26.000 Jahre
1.040 Jahre x 25 Zyklen = 26.000 Jahre

2.600 Jahre x 10 Zyklen = 26.000 Jahre

Auch bei dieser Methode werden die zwanzig Namen der Tage des Mayamonats benutzt. Wir beginnen, indem wir vier Maya-Monatsnamen auswählen, die während eines Zeitraums von 520 Jahren benutzt werden sollen. Wir wählen zum Beispiel die

Namen *Chicchan, Men, Oc* und *Ahau*, die wir für einen 520-jährigen Zyklus verwenden wollen, und dann multiplizieren wir diese Anzahl mit 5 und erhalten 520 x 5 = 2.600. Multipliziert mit 10 ergibt diese Zahl die 26.000 Jahre des Tzek'eb Kalenders. Zum besseren Verständnis folgt hier ein Diagramm, das diese mathematische Methode veranschaulicht.

20   Tage gibt es in jedem Mayamonat. Ihre Namen sind: Kan, Chicchan, Cimil, Manik', Lamat, Muluc, Oc, Chuen, Eb, Ben, Ix, Men, Cib, Caban, Edznah, Cauac, Ahau, Imix, Ik' und Ak'bal.

4   Namen werden ausgewählt, wenn man anfängt, den Zyklus zu zählen. Zum Beispiel (aus Zyklus 11 in der vorherigen Tabelle) Chicchan, Men, Oc und Ahau.

5   dient als Multiplikator der 4. Erinnern wir uns: 5 x 4 = 20, die Anzahl der Tage im Haab Kalender der Maya.

520   Jahre, bestehend aus 130 Chicchan, 130 Men, 130 Oc und 130 Ahau. Man erhält die Endsumme dieses Zyklus durch die Gleichung 4 x 130 = 520 Jahre.

2.600   Jahre erhält man durch folgende Multiplikation: 5 x 520 = 2.600.

26.000   Jahre hat der Tzek'eb Kalender, und diese sind das Ergebnis der Multiplikation 10 x 2.600 = 26.000 Jahre. Vergessen Sie nicht, dass dies die Anzahl der Jahre ist, die unser Sonnensystem braucht, um eine Umdrehung um den Stern Alkyone zu vollenden. Wie wir wissen, ist Alkyone der Zentralstern der Plejaden, und wir selbst sind ein Teil dieser Konstellation.

6.500 Jahre x 4 Zyklen = 26.000 Jahre

Wenn wir den Zyklus von 6.500 Jahren mit 4 multiplizieren, erhalten wir folgende Gleichung: 4x6.500=26.000. Wie wir bereits festgestellt haben, ist dies die Anzahl der Jahre, die unser Sonnensystem braucht, um sich einmal um Alkyone, den Zentralstern der Plejaden, zu drehen. Bestimmt haben die alten Maya dieses 6.500-Jahre-System benutzt. Es folgt eine Reihe von Beobachtungen aus verschiedensten Quellen, die alle beweisen, dass die Maya die Zahl 6.500 benutzten, um den Lauf der Himmelskörper zu verfolgen.

Die große Sphinx, die von den Armeen Ägyptens geschaffen wurde, entstand im Zeitalter des Löwen. Wie jeder weiß, ähnelt ihre Gestalt einem Löwen. Selbstverständlich befinden wir uns augenblicklich im Zeitalter des Wassermannes, und laut meinen Berechnungen sind vom Zeitalter des Löwen bis heute 13.000 Jahre vergangen. Im 26.000 Jahre umfassenden Tzek'eb Kalender markiert die Zahl 13.000 die Hälfte des 26.000-jährigen Zyklus.

Am 13. September 2005 veröffentlichte die Zeitung *Diario de Yucatán* einen Artikel mit dem Titel »Piramides en el Fondo Marino« (»Pyramiden auf dem Meeresgrund«). Diesem Artikel zufolge gab es früher zwischen der Halbinsel Yucatán und Kuba eine Insel, die heute siebenhundert Meter unter dem Meeresspiegel liegt. Obendrein haben kanadische und kubanische Wissenschaftler zwischen Yucatán und Kuba, jedoch näher an Kuba, gewaltige megalithische Strukturen entdeckt.

Der kubanische Geologe Manuel Iturralde Vinent hat die These aufgestellt, dass es auf dieser Insel eine komplexe Pyramide gab, die vor etwa 12.000 oder 13.000 Jahren gebaut wurde. Die russisch-kanadische Geologin Paulina Zelitsky ist der gleichen Meinung. Diese versunkene Insel befindet sich in internationalen Gewässern, neun Kilometer vom kubanischen San Antonio und eine 18-stündige Bootsfahrt von der mexikanischen Yucatán-Halbinsel entfernt.

Überdies entstand der Chicxulub-Krater (*Chicxulub* bedeutet »Teufelsschwanz«), ein uralter Krater mit einem Durchmesser von 180 Kilometern, der unter der Halbinsel Yucatán begraben liegt, durch einen Meteoraufprall von der Wucht einer ungeheuren Atomexplosion. Es heißt, dass die freigesetzte Energie fünfzig Millionen Atombomben entsprach, so gewaltig war der Meteor, der vor 65 Millionen Jahren auf die Erde prallte. Natürlich taucht die Zahl 65 wiederholt auf: Sie ist einer der wichtigsten Maya-Schlüssel zum Verständnis bedeutungsvoller Dinge. Die Leser mögen sich erinnern, dass 65 ein Viertel von 260 ist – und dies ist die Zahl, die den Tzolk'in Kalender der Maya erschließt. Sie erscheint immer und immer wieder als Synchronisationsschlüssel der Zeitläufte und taucht als 6,5 sowie als 65, 650, 6.500 und sogar als Zeitraum von 65 Millionen Jahren auf.

Kometen sind schon immer in unser Sonnensystem eingedrungen. Man weiß nicht mit Sicherheit, wie oft dies bereits geschah und wie oft es in Zukunft noch passieren wird. Die meisten Leser werden sich an den Besuch des Kometen Hale-Bopp in den Jahren 1996 und 1997 erinnern. Den Astronomen Alan Hale und Thomas Bopp zufolge, die den Kometen entdeckt haben, waren im kosmischen Raum außerdem noch zweihundert weitere Kometen sichtbar. Und nun kommen wir zu einer wichtigen Einzelheit: Laut dieser Astronomen beträgt die Umlaufzeit des Kometen Hale-Bopp 3.000 Jahre. Ich glaube allerdings, dass man diese Zahl auf 3.250 Jahre aufrunden müsste. Meine Aufrundung gründet sich auf folgende Multiplikation: $8 \times 3.250 = 26.000$ Jahre. Es wäre also durchaus möglich, dass die alten Maya den Tzek'eb Kalender auch benutzten, um den Kometen Hale-Bopp zu verfolgen. Laut der Zeitmessung der Maya könnte man diesen Kometen alle 3.250 Jahre beobachten.

Plejadische Zeitalter – die vier Sonnen

Betrachten wir nun nochmals das Tonal Machiotl oder den aztekischen Sonnenstein (siehe Abbildung 7.1). In der Mitte dieses Kalenders sieht man die Geschichte der Sonnen sowie die Lebensweise der mittelamerikanischen indigenen Völker, die sich viele Jahrtausende lang nicht geändert hat. Diese uralten Völker wussten, dass es bereits verschiedene Sonnen beziehungsweise Äonen gegeben hatte. Sie wussten auch, wann jede Sonne endete und dass auf der Erde während dieser Wechsel stets gewaltige Veränderungen auftraten. Die Wechsel hängen mit dem 26.000-jährigen Zyklus der Plejaden zusammen.

Von den vielen gewaltigen Veränderungen am Ende einer Sonne ist das Verschwinden einer Rasse von Riesen, die einst die Erde bevölkerten, besonders erwähnenswert. Wenn Sie die verschiedenen Pyramiden Nord- und Südamerikas aufsuchen, werden Sie Hinweise darauf entdecken, dass eine Rasse von Riesen diese Bauten errichtet hat. Die Stufen der Pyramide K'inich K'ak'mu (oder Kinich-Kakmó, wie sie manchmal geschrieben wird) in Izamal auf der mexikanischen Yucatán-Halbinsel wurden nicht für Menschen von normaler Größe gebaut. Die Durchschnittsgröße eines Menschen beträgt etwa 1,7 Meter (beziehungsweise 5 Fuß 7 Inch), aber diese Stufen wurden für Menschen von fast drei Metern (beziehungsweise fast 10 Fuß) Größe gebaut – das Volk, das ursprünglich diese Pyramide erklommen hat. Anscheinend verschwand diese Rasse, als eine große, durch einen Sonnenwechsel verursachte Veränderung auf dem Planeten auftrat – das heißt, als eine Sonne endete und eine andere begann.

Die zweite Sonne muss eine Menge Orkane mit gewaltigen Windstärken mit sich gebracht haben, genau wie wir sie auch heute auf der Halbinsel Yucatán erleben. Jedes Jahr suchen uns mehrere Orkane mit Windstärken zwischen 50 und 400 Stun-

Abb. 7.1. Diese Abbildung zeigt die Mitte des aztekischen Tonal Machiotl, des Sonnensteins. Am Rand dieser Darstellung sieht man die Zahlen 1 bis 4. Sie zeigen die vier Sonnenzeitalter beziehungsweise die vier Sonnen an, in deren Verlauf es auf unserem Planeten bereits Menschen gab. Für die Maya hat jede Sonne einen Zyklus von 26.000 Jahren. Gemäß der Maya-Überlieferung bewirkt das Ende eines jeden Sonnenzyklus gewaltige Veränderungen auf der Erde und höchstwahrscheinlich in unserem gesamten Sonnensystem. Laut dem kosmischen Tzek'eb Kalender befinden wir uns momentan in der fünften Sonne, und daraus folgt, dass vier Sonnen oder vier Sonnenzyklen von jeweils 26.000 Jahren schon vergangen sind. Dies wiederum bedeutet, dass bereits 104.000 Jahre des kosmischen Mayakalenders vergangen sind.

denkilometern heim. Diese Windgeschwindigkeiten sind sogar noch höher als die der Tornados, die man weiter im Norden in den Vereinigten Staaten erlebt. Insofern können wir davon ausgehen, dass die Menschheit in der Vergangenheit, als die zweite Sonne die Herrschaft übernahm, ebenfalls von gewaltigen Stürmen heimgesucht wurde. Wir wissen ja, dass die Natur Phänomene von titanischer Kraft erzeugen kann, und dazu gehören auch die Stürme, die auftreten, wenn eine Sonne der nächsten weicht.

Die dritte Sonne brachte gewaltige Flutkatastrophen mit sich, die viele Orte auf Erden überschwemmten. Wie der Dresden-Kodex bestätigt, haben die Maya diese Katastrophen aufgezeichnet. Aus diesem Kodex ist zu ersehen, dass die Planeten Venus, Mars, Merkur und Jupiter bei dieser Katastrophe ebenfalls eine Rolle spielten. Offenbar trat irgendein Phänomen auf, in dessen Verlauf die Sonne auch auf diese Planeten einwirkte, und auf der Erde waren Flutkatastrophen die Folge. Vielleicht bewirkten die kosmischen Veränderungen auch Erdbeben auf der Erde, und diese waren der Grund dafür, dass die Ozeane über die Ufer traten. Auf jeden Fall war die Folge, dass die Menschheit so gut wie ausgerottet wurde. Wie das aztekische Tonal Machiotl zeigt, ist dies eine weitere Begleiterscheinung beim Ende einer Sonne und dem Beginn einer anderen.

Laut des Tonal Machiotl wurde die Menschheit zu Beginn der vierten Sonne beinahe durch Feuer ausgerottet. In uralter Zeit lebten die Maya in Höhlen, zum Beispiel in Loltún, Oxk'intok, Xtacumbilxunaan und an vielen anderen Orten. Dies darf man jedoch nicht mit der Steinzeit verwechseln, in der die Menschen ebenfalls in Höhlen lebten. Als die Maya in Höhlen lebten, taten sie das, weil es schwierig war, auf der Erdoberfläche zu überleben. Möglicherweise verbrannte die Sonne einen Großteil der Erdoberfläche, oder es gab eine Menge Vulkanausbrüche auf der Erde, die den Planeten überhitzten. Und so begann schließlich eine neue Ära, die von den mittelamerikanischen Völkern das Sonnenzeitalter des Feuers genannt wurde.

Dies sind die vier Zeitalter oder Sonnen, die im Mittelteil des Tonal Machiotl oder Steins der Sonne angezeigt sind. Viele Autoren halten die Dauer der Zyklen dieser Zeitalter für wesentlich kürzer – manche behaupten, sie hätten 676 Jahre gedauert, andere sagen 312 Jahre, und ein paar meinen sogar, es seien nur 52 Jahre gewesen. Ich für meinen Teil glaube, dass die Dauer dieser Zyklen 26.000 Jahre beträgt, denn so verstehe ich sie. Von dieser Warte aus betrachtet ist es völlig offensichtlich, dass jede Sonne mit den Plejaden und besonders mit Alkyone verknüpft ist und dass dies der Lebensrhythmus unserer kosmischen Sonnenfamilie ist, zu der auch unser Sonnensystem gehört.

Wie im ersten Kapitel erwähnt, behaupten die Itzá-Maya, dass sie ursprünglich von Atlantis beziehungsweise Atzantiha kamen, und zwar zu der Zeit, als die Wasser die Weisheitsquelle verschlangen. Dies geschah vermutlich, als eine der Sonnen ihr Ende erreicht hatte, und zwar höchstwahrscheinlich am Ende der letzten Sonne. Zu diesem Zeitpunkt bewirkten die gewaltigen Veränderungen, welche die Erde heimsuchten, dass der Kontinent Atzantiha von Wasser überflutet wurde.

Die Numerologie des Tzolk'in und des Tun Uc Mondkalenders

Nun wollen wir demonstrieren, auf welche Weise der heilige Tzolk'in Kalender der Maya den lunaren Tun Uc Kalender reguliert. Als Ausgangspunkt unserer Entdeckungsreise dient uns die Tabelle auf Abbildung 7.2. Diese benutzt als Matrix das Verhältnis der Zahlen 13:20, was zum ersten Mal von Tony Shearer in

172 Die heilige Kultur der Maya

	A-	B-	C-	D-	E-	F-	G-	H-	I-	J-	K-	L-	M-	
A	1	8	2	9	3	10	4	11	5	12	6	13	7	1
B	2	9	3	10	4	11	5	12	6	13	7	1	8	2
C	3	10	4	11	5	12	6	13	7	1	8	2	9	3
D	4	11	5	12	6	13	7	1	8	2	9	3	10	4
E	5	12	6	13	7	1	8	2	9	3	10	4	11	5
F	6	13	7	1	8	2	9	3	10	4	11	5	12	6
G	7	1	8	2	9	3	10	4	11	5	12	6	13	7
H	8	2	9	3	10	4	11	5	12	6	13	7	1	8
I	9	3	10	4	11	5	12	6	13	7	1	8	2	9
J	10	4	11	5	12	6	13	7	1	8	2	9	3	10
K	11	5	12	6	13	7	1	8	2	9	3	10	4	11
L	12	6	13	7	1	8	2	9	3	10	4	11	5	12
M	13	7	1	8	2	9	3	10	4	11	5	12	6	13
N	1	8	2	9	3	10	4	11	5	12	6	13	7	14
Ñ	2	9	3	10	4	11	5	12	6	13	7	1	8	15
O	3	10	4	11	5	12	6	13	7	1	8	2	9	16
P	4	11	5	12	6	13	7	1	8	2	9	3	10	17
Q	5	12	6	13	7	1	8	2	9	3	10	4	11	18
R	6	13	7	1	8	2	9	3	10	4	11	5	12	19
S	7	1	8	2	9	3	10	4	11	5	12	6	13	20
	1	2	3	4	5	6	7	8	9	10	11	12	13	

Abb. 7.2

seinem Buch *Lord of the Dawn* (»Herr der Morgendämmerung«) enthüllt und dann von José Argüelles in *Der Maya Faktor* weiter ausgeführt und als »Webstuhl der Maya« bezeichnet wurde. Wie man sieht, sind einige Buchstaben waagerecht aufgereiht, und ihnen folgt ein Strich, während andere Buchstaben senkrecht angeordnet sind. Es gibt dreizehn vertikale und zwanzig horizontale Reihen, und in jedem Quadrat steht eine Zahl.

Erinnern wir uns: Das Tzolk'in wird durch die Zahlen 13 und 20 gebildet, und wenn man sie miteinander multipliziert, erhält man die Gleichung $13 \times 20 = 260$. Dies ist die Numerologie des Tzolk'in, die auf Abbildung 7.2 dargestellt ist. Wie man sieht, besteht dieses Diagramm aus 260 Quadraten, und in jedem Quadrat steht eine Zahl. Um dieses Diagramm des Tzolk'in zu verstehen, muss man mit der Zahl 1 beginnen und progressiv fortfahren, bis man bei der Zahl 13 ankommt. Dann fängt man erneut mit der Zahl 1 an, bis man bei 7 anlangt, und wenn man diese dazuzählt, ist das Ergebnis $13 + 7 = 20$. Auf diese Weise erhält man einen ersten Einblick in die Methode, nach der das Tzolk'in die Funktion der lunaren Energie mit Hilfe der Mathematik erklärt.

Die folgenden vier Beispiele zeigen, wie man die Zahl 28 im lunaren Zyklus findet, nämlich indem man den entsprechenden Buchstaben folgt. Die Linien, die auf den Abbildungen 7.3, 7.4 und 7.5 gezogen wurden, zeigen verschiedene Möglichkeiten, die Zahl 14 zu erreichen, die, wenn man sie zu dem gegenüberliegenden Quadrat addiert, zu einem Endergebnis von 28 führt. Immer wenn man die Tabelle durchquert, um eine numerische Kombination festzustellen, muss man den Mittelpunkt zwischen den Zahlen 13 und 1 durchkreuzen. Jedes Mal werden vier Quadrate zusammengezählt. Die Linien bewegen sich wie Zeiger auf einer Uhr, aber sie bewegen sich in entgegengesetzte Richtungen.

174 Die heilige Kultur der Maya

	A-	B-	C-	D-	E-	F-	G-	H-	I-	J-	K-	L-	M-	
A	1	8	2	9	3	10	4	11	5	12	6	13	7	1
B	2	9	3	10	4	11	5	12	6	13	7	1	8	2
C	3	10	4	11	5	12	6	13	7	1	8	2	9	3
D	4	11	5	12	6	13	7	1	8	2	9	3	10	4
E	5	12	6	13	7	1	8	2	9	3	10	4	11	5
F	6	13	7	1	8	2	9	3	10	4	11	5	12	6
G	7	1	8	2	9	3	10	4	11	5	12	6	13	7
H	8	2	9	3	10	4	11	5	12	6	13	7	1	8
I	9	3	10	4	11	5	12	6	13	7	1	8	2	9
J	10	4	11	5	12	6	13	7	1	8	2	9	3	10
K	11	5	12	6	13	7	1	8	2	9	3	10	4	11
L	12	6	13	7	1	8	2	9	3	10	4	11	5	12
M	13	7	1	8	2	9	3	10	4	11	5	12	6	13
N	1	8	2	9	3	10	4	11	5	12	6	13	7	14
Ñ	2	9	3	10	4	11	5	12	6	13	7	1	8	15
O	3	10	4	11	5	12	6	13	7	1	8	2	9	16
P	4	11	5	12	6	13	7	1	8	2	9	3	10	17
Q	5	12	6	13	7	1	8	2	9	3	10	4	11	18
R	6	13	7	1	8	2	9	3	10	4	11	5	12	19
S	7	1	8	2	9	3	10	4	11	5	12	6	13	20
	1	2	3	4	5	6	7	8	9	10	11	12	13	

Abb. 7.3

Sieben – Mathematische Methoden 175

	A-	B-	C-	D-	E-	F-	G-	H-	I-	J-	K-	L-	M-	
A	1	8	2	9	3	10	4	11	5	12	6	13	7	1
B	2	9	3	10	4	11	5	12	6	13	7	1	8	2
C	3	10	4	11	5	12	6	13	7	1	8	2	9	3
D	4	11	5	12	6	13	7	1	8	2	9	3	10	4
E	5	12	6	13	7	1	8	2	9	3	10	4	11	5
F	6	13	7	1	8	2	9	3	10	4	11	5	12	6
G	7	1	8	2	9	3	10	4	11	5	12	6	13	7
H	8	2	9	3	10	4	11	5	12	6	13	7	1	8
I	9	3	10	4	11	5	12	6	13	7	1	8	2	9
J	10	4	11	5	12	6	13	7	1	8	2	9	3	10
K	11	5	12	6	13	7	1	8	2	9	3	10	4	11
L	12	6	13	7	1	8	2	9	3	10	4	11	5	12
M	13	7	1	8	2	9	3	10	4	11	5	12	6	13
N	1	8	2	9	3	10	4	11	5	12	6	13	7	14
Ñ	2	9	3	10	4	11	5	12	6	13	7	1	8	15
O	3	10	4	11	5	12	6	13	7	1	8	2	9	16
P	4	11	5	12	6	13	7	1	8	2	9	3	10	17
Q	5	12	6	13	7	1	8	2	9	3	10	4	11	18
R	6	13	7	1	8	2	9	3	10	4	11	5	12	19
S	7	1	8	2	9	3	10	4	11	5	12	6	13	20
	1	2	3	4	5	6	7	8	9	10	11	12	13	

Abb. 7.4

176 Die heilige Kultur der Maya

	A-	B-	C-	D-	E-	F-	G-	H-	I-	J-	K-	L-	M-	
A	1	8	2	9	3	10	4	11	5	12	6	13	7	1
B	2	9	3	10	4	11	5	12	6	13	7	1	8	2
C	3	10	4	11	5	12	6	13	7	1	8	2	9	3
D	4	11	5	12	6	13	7	1	8	2	9	3	10	4
E	5	12	6	13	7	1	8	2	9	3	10	4	11	5
F	6	13	7	1	8	2	9	3	10	4	11	5	12	6
G	7	1	8	2	9	3	10	4	11	5	12	6	13	7
H	8	2	9	3	10	4	11	5	12	6	13	7	1	8
I	9	3	10	4	11	5	12	6	13	7	1	8	2	9
J	10	4	11	5	12	6	13	7	1	8	2	9	3	10
K	11	5	12	6	13	7	1	8	2	9	3	10	4	11
L	12	6	13	7	1	8	2	9	3	10	4	11	5	12
M	13	7	1	8	2	9	3	10	4	11	5	12	6	13
N	1	8	2	9	3	10	4	11	5	12	6	13	7	14
Ñ	2	9	3	10	4	11	5	12	6	13	7	1	8	15
O	3	10	4	11	5	12	6	13	7	1	8	2	9	16
P	4	11	5	12	6	13	7	1	8	2	9	3	10	17
Q	5	12	6	13	7	1	8	2	9	3	10	4	11	18
R	6	13	7	1	8	2	9	3	10	4	11	5	12	19
S	7	1	8	2	9	3	10	4	11	5	12	6	13	20
	1	2	3	4	5	6	7	8	9	10	11	12	13	

Abb. 7.5

A, A - (1) + S, M - (13) = 14   A, B - (8) + S, L - (6) = 14
A, M - (7) + S, A - (7) = 14   A, L - (13) + S, B - (1) = 14
                           ——   ——
                           28   28

A, C - (2) + S, K - (12) = 14   A, D - (9) + S, J - (6) = 14
A, K - (6) + S, C - (8) = 14   A, L - (12) + S, D - (2) = 14
                           ——   ——
                           28   28

Wie man an diesen vier Beispielen sieht, ist die mathematische Summe immer 28 – die Anzahl der Tage eines Mondzyklus. Auf diese meisterhafte Art schufen die weisen Maya ihren Mondkalender, der sich mit Hilfe des Tzolk'in erklären lässt. Die Abbildungen 7.3, 7.4 und 7.5 zeigen einige der mathematischen Kombinationen, die man ermitteln kann, um die großartige Manifestation der lunaren Energie zu begreifen. Meiner Auffassung nach wird hier eine erstaunliche Anzahl verschiedener lunarer Energiefrequenzen enthüllt.

Ich bin sicher, liebe Leser, dass die Maya das heilige, hellseherische, magische Tzolk'in benutzten, um die Funktionsweise der verschiedenen Planetenenergien unseres Sonnensystems zu verstehen. Dieser heilige Kalender wurde mathematisch ausgedrückt und ermöglichte es den weisen Maya, die Zyklen und Bewegungen der Planeten zu entschlüsseln. Auf diese Weise diente das Tzolk'in zur Kodifizierung der Planeten.

Dieser heilige Kalender wurde mathematisch mit verschiedenen anderen Kalendern synchronisiert sowie mit den Plejaden und den verschiedenen Sonnen der Plejaden, deren Zentrum der große Stern Alkyone ist – und um diesen dreht sich unser Sonnensystem in einem 26.000-jährigen Zyklus.

Nur Hunab K'u weiß, wie umfassend das Wissen der Maya tatsächlich war. Die in diesem Buch vorgelegten Untersuchungen wurden durch das Tzolk'in inspiriert, und mit ihrer Hilfe sind wir in die Weisheit des ewigen Mayagottes vorgedrungen. Unser Mayagott ist Weisheit und Intelligenz, er ist der Architekt des Universums und der Schöpfer alles Seienden. Hunab K'u erschuf die Menschen und gab ihnen all ihr Potenzial, und er gab ihnen auch das Tzolk'in, um mit seiner Hilfe und mit Hilfe der Mathematik alle Geheimnisse des Lebens zu entschlüsseln.

Ich hoffe, dass dieses Buch über die astronomischen Kalender der Maya und alle darin enthaltenen Lehren als Grundlage für zukünftige Untersuchungen dienen wird, damit wir mehr über die Methoden erfahren, die die Maya beim Umgang mit der zyklischen Zeit benutzten. Desgleichen hoffe ich, dass die Forscher allmählich anfangen, das Tzolk'in wirklich zu begreifen, und dass man seine Energie respektvoll behandeln und zum Wohl aller Wesen benutzen möge. Dies ist eine heilige Lehre, die Hunab K'u den Maya und der ganzen Menschheit geschenkt hat.

Nachwort

Die Maya sind unter uns

Viele Menschen haben gefragt: Wohin sind die Maya verschwunden? Meine Antwort lautet: Die Eingeweihten der Maya sind gar nicht fort, sondern mitten unter uns. Man muss nur wissen, wie man die Dimension auffassen muss, in der sie existieren: Die Maya sind eine Illusion, sie sind die Kinder der Sonne, sie sind die Kinder der Zeit, sie sind der Gedanke an sich. Wenn man darüber meditiert, sind die Maya die Illusion und das Konzept der Zeit an sich. Und heute müssen wir darüber meditieren, ob wir selbst womöglich ebenfalls ein Teil der Illusion der Zeit und des entsprechenden Konzeptes sind.

Sobald wir die tiefe Symbolik dieser Worte verstanden haben, sind wir dazu bereit, die Mayameister zu hören, denn sie werden uns rufen. Diese Maya existieren auf einer anderen dimensionalen Ebene. Von dort aus beobachten sie uns, aber wir, mit unseren abgestumpften Sinnen, verwirrt und verstört von unserer materialistischen Gesellschaft, sind unfähig, sie wahrzunehmen. Aus diesem Grund, aufgrund dieser Sinnestäuschung, sind wir nicht in der Lage, in den reinen Zustand aufzusteigen, der die Voraussetzung dafür ist, die Dimension wahrzunehmen, in der die Maya-Eingeweihten existieren. Wenn wir uns reinigen, indem wir über die Pyramiden meditieren, dann ist es uns möglich, uns zu Hunab K'u auszustrecken, und er wird uns mit seiner weisen, kosmischen Intelligenz den Weg zeigen, den jenes Volk, das ihn so viele Zyklen hindurch verehrt hat, gegangen ist. Deshalb wollen wir mit Vater Sonne meditieren, um uns zu reinigen, und wenn wir dazu bereit sind, werden wir verstehen, was die weisen, eingeweihten Maya von uns erwarten, denn gemeinsam müssen wir eine Alternative zu unserer europäisierten Gesellschaft finden. Sobald wir diese kosmische Harmonie erreicht haben, werden wir selbst wie die Maya sein: Illusion und Erinnerung der Zeit an sich – und alle zusammen werden wir leuchten, so wie das Licht an jenem anderen Ort, in jener anderen Dimension.

Bibliografie

Argüelles, José. *Earth Ascending.* 2nd ed. Rochester, Vt.: Bear & Company, 1988. Dt. Ausgabe: *Erde im Aufstieg,* Monika Bender Verlag, Furth im Wald 2007.

——. *The Mayan Factor.* Rochester, Vt.: Bear & Company, 1996. Dt. Ausgabe: *Der Maya Faktor,* Monika Bender Verlag, Furth im Wald 2001.

——. *Time and the Technosphere.* Rochester, Vt.: Bear & Comany, 2002.

Arochi, Luis E. *La Pirámide de Kukulcán y su símbolo solar.* Mexico Stadt: Editorial Orión, S.A., 1977.

Benavides, Rodolfo. *Dramáticas profecías de la Gran Pirámide.* Mexico Stadt: Editores Mexicanos Unidos, S.A., 1977.

Campo, Issa del. *Nuestra raza frente a sus ancestros.* Mexico Stadt: Editorial Orión, 1965.

Churchward, Col. James. *The Children of Mu.* Albuquerque, N. Mex.: Brotherhood of Life, 1988.

——. *The Lost Continent of Mu.* Albuquerque, N. Mex.: Brotherhood of Life, 1987. Dt. Ausgabe: *Mu, der versunkene Kontinent,* Windpferd Verlag, Oberstdorf 1990.

Darquea, Javier Cabrera. *El mensaje de las piedras Grabadas de Ica.* Peru: Inti Sol Editores y Distribuidores, S.A., 1980.

Duarte, Ignacio Magaloni. *Educadores del mundo.* Mexico Stadt: Editor Costa Amic, 1969.

Ferrero, Luis. *Costa Rica Precolombina.* Costa Rica: Editorial Costa Rica, 1981.

Guirao, Pedro. *Mu, ¿paraíso perdido?* Spanien: Producciones Editoriales, 1976.

Harleston, Hugh, jr. *El misterio de las pirámides Mexicanas.* Mexico Stadt: Editoriales de Mexico, S.A., 1978.

Ibarra Grasso, Dick Edgar. *Ciencia en Tiwanak'u y el Incaico*. Bolivia: Editorial Los Amigos del Libro, 1982.

Illeseas Cook, Guillermo. *Astrónomos en el antiguo Perú*. Peru: Kósmos Editores y Distribuidores, S.A., 1976.

Ivanoff, Pierre. *En el país de los Mayas*. Barcelona: Editorial Gráfica Guada, S.A., 1974. Dt. Ausgabe: *Maya – Monumente großer Kulturen*, Ebeling Verlag, Wiesbaden 1974.

Lieber, Arnold L. *El influjo de la luna*. Madrid: EDAF Editores Distribuidores, S.A., 1979. Dt. Ausgabe: *Der Mondeffekt – Einflüsse auf den Menschen*, Ullstein Verlag, Berlin/Wien 1980 [Nachdruck als Ullstein-Taschenbuch im Juli 1984].

Marin, Juan. *El Egipto de los faraones*. Santiago de Chile: Zig-Zag, 1955.

Martinez Paredez, Domingo. *Hunab K'u, Síntesis del pensamiento filosófico Maya*. Mexico Stadt: Editora Cusamil, S.A., 1973.

Mediz Bolio, Antonio. *The Books of the Chilam Balam of Chumayel*. Engl. Übersetzung: http://myweb.cableone.net/subru/Chilam.html#anchor3390178myweb.cableone.net; dt. Übersetzung [kurzer Auszug]: http://www.artikel32.com/geschichte/1/auszge-aus-dem-chilam-balam-von-chumayel.php

Men, Hunbatz. *Secrets of Mayan Science/Religion*. Rochester, Vt.: Bear & Company, 1990. Dt. Ausgabe: *Das geheime Wissen der Maya*, J. Kamphausen Verlag, Bielefeld 1992.

Shearer, Tony. *Lord of the Dawn*. 2nd ed. Happy Camp, Calif.: Naturegraph Publishers, 1995.

Über den Autor

Geboren in Wenkal auf Yucatán, einem Mayadorf in der Nähe von Chichén Itzá, wurde Hunbatz Men bereits seit seinem ersten Lebensjahr zum Schamanen und heiligen Mann ausgebildet. Er bekam seine Kenntnisse im Geheimen in zwölfter Generation übermittelt und ist heute ein geachteter Zeremonienleiter und Tageshüter der Maya, eine Autorität in Bezug auf Geschichte, Chronologie, Kalenderwesen und kosmisches Wissen.

Seit Jahrzehnten bereist Hunbatz Men die ganze Welt, um native Angelegenheiten zu unterstützen und Veranstaltungen abzuhalten, in denen er die Mathematik, Astrologie und Philosophie der Maya weitergibt und über ihre Zeremonien und soziale Organisation spricht. In vielen Ländern gründete er Maya Mystery Schools, die durch seine Schüler vertreten werden, und ist Leiter des ebenfalls von ihm gegründeten Maya Ceremonial, Cultural & Educational Center in Lol Be sowie der Cosmic Initiatic University of Yok'hah Maya in Mérida, Yucatán. Darüber hinaus ist er Mitglied des Ältestenrates der Maya Itzá in Mexiko und des Council of World Elders in Deutschland, dem auch Masaru Emoto, Galsan Tschinag und die deutsche Schamanin Karin Tag angehören. In mehreren Büchern und Broschüren erläuterte er den Wissensstand der Maya mit Blick auf das neue Jahrtausend. Sein ganzes Leben ist der Wiederbelebung der Weisheit und Kultur der alten Maya gewidmet, und seine visionären und zukunftsorientierten Lehren finden weltweit Anerkennung.

Ausbildung
Akademie der Feinen Künste, Yucatán
Stipendium des Staates Yucatán für das Studium der Malerei und Bildhauerei an der Akademie »La Esmeralda«, Mexiko Stadt

Studien in Mayaphilosophie
Zentrum für Prä-Amerikanische Kultur, Mexiko Stadt
Institut für Prä-Amerikanische Kultur und Wissenschaft, Mexiko Stadt

Abschlüsse, Dozenturen und Würdigungen (Auswahl)
Berechtigung zur Weitergabe der indigenen Kultur von der Hochschule für Handel und Verwaltung, National Polytechnic Institute, Mexiko Stadt
Dozentur für Mayaphilosophie am National Polytechnic Institute, Mexiko Stadt
Diplom vom Verband der Schriftsteller, Herausgeber und grafischen Künstler Panamas
Ständiger Gast einer einmonatigen Sendereihe auf XEEP, dem größten Kulturradiosender Mexikos, als Säule des zeitgenössischen kulturellen Denkens
Sprecher auf dem »Symposion über die indigenen Völker Amerikas: ein Kontinent, eine Kultur«, University of Texas, Austin, Texas, USA

Hauptredner auf drei »Global Vision 2000«-Konferenzen im August 1993 in Washington, DC, und Landover, Maryland, USA

Würdigung als Chaski [Bote] für die Vereinigung der Indianischen Völker Amerikas durch das Institut für Prä-Amerikanische Kultur und Wissenschaft, Mexiko Stadt

Würdigung durch das Indian Council von Südamerika (CISA) für die Überbringung einer indigenen südamerikanischen Flagge, die mehr als 400 Jahre nicht in Mexiko war

Würdigung durch MAISC, die Bewegung der Sonnenkulturen amerikanischer Indianer, für die Herbeiführung des ersten Paktes zwischen dem Hueylatokan – dem Ständigen Nationalrat der Azteken – und den Potawatomi-Indianern, USA

Würdigung für das Schmieden des Bandes zwischen den Maya in Mexiko und den Inka in Peru durch die Stadt Cuzco, Peru (Kulturerbe der Welt)

Würdigung für die kontinentale Vereinigung der Indianischen Völker Amerikas durch das Gremium des Ollantaytambo-Distrikts, Cuzco, Peru

Anerkennungsurkunde des Kiwanis Club in Panama für Vorträge über die Maya

Förderer der Mayasprache Itzamna an der Städischen Akademie in Mérida, Yucatán

Anerkennung als Kulturträger der Maya, Universität von Antioquia, Kolumbien

Hunbatz Men hielt außerdem Vorlesungen, Seminare und Workshops und leitete Zeremonien in Äquador, Belgien, Bolivien, Costa Rica, Deutschland, El Salvador, Frankreich, Großbritannien, Guatemala, Honduras, Kolumbien, Mexiko, den Niederlanden, Panama, Peru und an vielen Orten in den USA und Kanada.

»Wir reinigen jetzt diese Realität. Wir gehen Schritt für Schritt mit euch voran.«

Ob in München, Frankfurt, Basel oder Prag, Wien oder Hamburg ... Pavlinas Wochenend-Workshops sind legendär. Tausende von Teilnehmern kamen schon in den Genuss der Plejadenheilung. Jetzt gibt es die Meditationen, gesprochen von Pavlina selbst, auch auf CD.

Je 78 Minuten, Jewelcase, ausfaltbares 6-Seiten-Booklet mit Heilsymbol und Anleitung, musikalisch begleitet von Sayama, pro CD 22,– €

Befreiung der Thymusdrüse. Entfernung von Implantaten. Rückerlangung der weiblichen Kraft. Reinigung der Chakren. Integration positiver Frequenzen. Wiederanbindung an die DNA. Heilung verlorener Seelenanteile. Programmierung deiner Kristalle. Schutz, Erdung und vieles andere mehr ... Die Meditationen des 3-Tage-Workshops jetzt auf CD.

Diese CDs sind *nicht* im Handel erhältlich, sondern *nur* auf www.AmraVerlag.de.

Für Bestellungen per Post: AMRA Verlag,
Michael Nagula, Auf der Reitbahn 8, 63452 Hanau
Kunden-Telefon: +49 (0) 61 81 – 18 93 92
Info@AmraVerlag.de • www.AmraVerlag.de

Deutschland & Österreich ab 18 € versandkostenfrei!

Pavlina Klemm

HEILSYMBOLE & ZAHLENREIHEN

Arbeitsbuch der Plejadenheilung

AMRA Verlag, ISBN 978-95447-448-6
Hardcover, Glanzeinband, Leseband, 192 Seiten
22 € [D] / 22,70 € [A]; auch als eBook erhältlich!

Immer wieder haben Teilnehmer aus den Workshops, aber auch Leserinnen und Leser der Plejadenbücher danach gefragt. Jetzt dürfen wir sie euch in einem eigens dafür entstandenen Band, dem Arbeitsbuch, endlich vorstellen – die gesammelten Übungen!

Vom Aufbau des lichtvolles Schutzes bis zum Segen für dich selbst und andere, vom Vergebungsritual über die Heilsymbole und Zahlenreihen bis zur Durchlichtung der Chakren, der Kontaktaufnahme mit deiner Familie im Licht und der energetischen Unterstützung des Herzorgans … Das Buch enthält das gesamte Arbeitsmaterial aus den ersten sechs Plejadenbüchern und den Workshops.

Aus dem Vorwort der Plejader …
»Der Geist des Menschen bindet sich an die Synapsen des kosmischen kollektiven Bewusstseins an und erhöht dadurch sein Bewusstsein und sein Wissen. Die kosmischen Lichtimpulse können den menschlichen Geist jetzt endlich heilen und regenerieren.«

Pavlina Klemm über dieses Buch …
»Es ist egal, in welchen Inkarnationen ihr euch früher befandet. Es ist egal, wie viele Gedanken euch in eure Vergangenheit zurückwerfen. Jeder hat die Möglichkeit, seine Realität zum Positiven zu verändern. Wie die Plejader uns mitteilen – Schritt für Schritt.«

**Sofort erhältlich auf www.AmraVerlag.de.
Deutschland & Österreich ab 18 € versandkostenfrei!**

Das Arbeitsbuch gibt es auch als Kartenset ...

Pavlina Klemm
Heilsymbole & Zahlenreihen
44 Karten mit 112-Seiten-Begleitbuch
24,99 € [D/A] • Klappschachtel
ISBN 978-3-95447-376-2

Wir, deine plejadischen Begleiter, sind dir sehr dankbar, dass du dich mithilfe dieses Kartensets selbst heilst. Du hältst gerade die materialisierte, manifestierte Energie von Symbolen, Zahlenreihen und Affirmationen in Händen. Durch dein Heilen hilfst du anderen Personen. Durch die Anbindung an die morphogenetischen Felder dank der Symbole auf diesen Karten erweiterst du deine Wahrnehmung, und es gelingt dir viel leichter und schneller, dich in der fünften Dimension des Bewusstseins zu verankern.

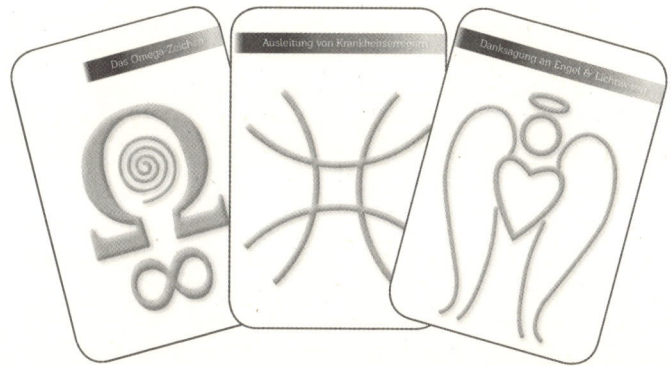

Das Kartenset enthält alle energetischen Hilfsmittel aus Pavlinas bisherigen Büchern, CDs und Veranstaltungen und ist in diesen herausfordernden Zeiten für den täglichen Gebrauch gedacht. Zur Aktivierung der Karten genügt die reine Absicht. Genaue Anleitungen und exklusive Texte der Plejader enthält das 112 Seiten umfassende Begleitbuch.

»Vertraue bei dieser energetischen Arbeit auf deine Intuition und lasse dich führen.
Deine Realität kann schon sehr bald heilen.« – *Pavlina Klemm*

Workshop-CDs der Plejader exklusiv auf www.AmraVerlag.de

Drunvalo Melchizedek
& Daniel Mitel
Lebe im Licht deines Herzens
Meditative Zugänge in den heiligen Raum
224 Seiten, gebunden, oranges Leseband
€ [D] 19,99 / € [A] 20,60 • ISBN 978-3-95447-343-4

Begib dich in dein Herz. Niemals in der Geschichte der Menschheit war es wichtiger als heute, sich auf die Reise ins Herz einzulassen und aus dem Herzen zu leben. Methoden, die über Jahrtausende hinweg eingesetzt wurden, machen es möglich – auch im emsigen Treiben unserer Zeit und ohne Lehrmeister. Du hast die Macht und die Fähigkeit, überall im Licht deines Herzens zu leben.

Zwei weltweit bekannte Meister der Meditation weisen den Weg.

Gary R. Renard
Als Jesus und Buddha sich kannten
Bericht über zwei mächtige Weggefährten
320 Seiten, gebunden, oranges Leseband
€ (D) 24,99 / € (A) 25,70 • ISBN 978-3-95447-246-8

Die Aufgestiegenen Meister Arten und Pursah sind zurück. Ihr neues Buch ergänzt die ursprüngliche Trilogie, bestehend aus *Die Illusion des Universums*, *Deine unsterbliche Realität* und *Die Liebe vergisst niemanden*. Es erkundet sechs Inkarnationen von Jesus und Buddha, in denen beide gemeinsam lebten. Nie waren Gespräche über die Realität des Lebens dermaßen relevant für die Gegenwart.

»Mehr als ein Buch – ein Portal, ein Transportsystem, ein Umordnen des Geistes. Und lustig ist Gary auch noch!«
– H. Ronald Hulnick

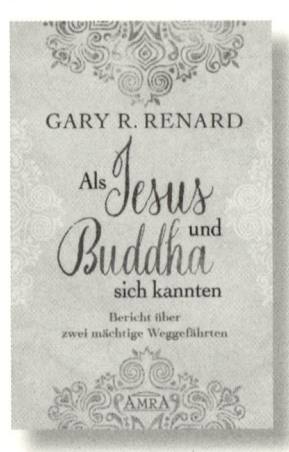

Klangheilungs-CDs von Michael Reimann

Zirbel Drüsen Aktivierung [Binauraler Beat]
Öffnung des Dritten Auges und Stärkung des Lichtkörpers
79 Min.; € [D/A] 19,95 • ISBN 978-3-95447-220-8

Herzkohärenz aufbauen [432 Hertz]
Mentale Leistungsfähigkeit und körpereigene Regeneration
75 Min.; € [D/A] 19,95 • ISBN 978-3-95447-295-6

DNA-Aktivierung [528 Hertz]
*Heilung der Zellen durch die Liebesfrequenz –
Meditationsanleitung von Jeanne Ruland im Booklet!*
80 Min.; € [D/A] 19,99 • ISBN 978-3-95447-347-2

Bekannt als Multi-Instrumentalist, arbeitete Michael Reimann u.a. mit Joachim-Ernst Berendt und Christian Bollmann zusammen. Studienreisen führten ihn nach Bali, Indien und Japan. Seine Aufnahmen sind reiner musikalischer Klang.

Buchauszüge, Hörproben und Gratis-CD auf www.AmraVerlag.de